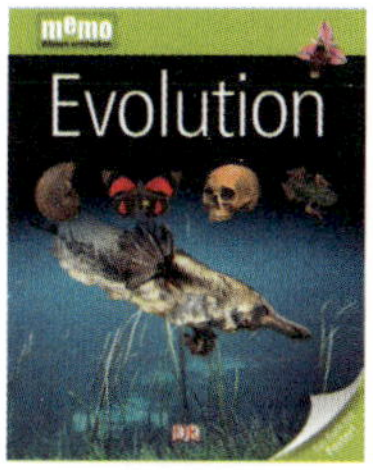
memo
Evolution
50

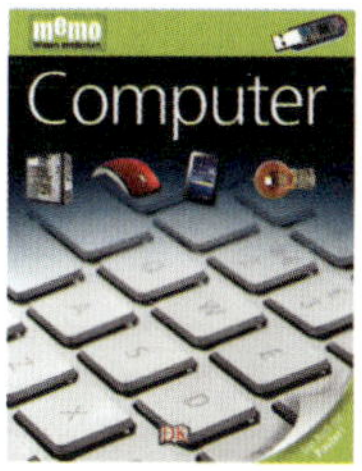
memo
Computer
51

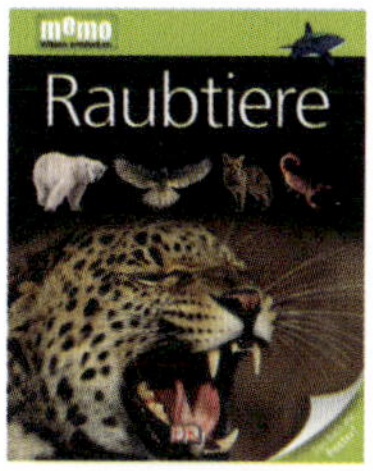
memo
Raubtiere
52

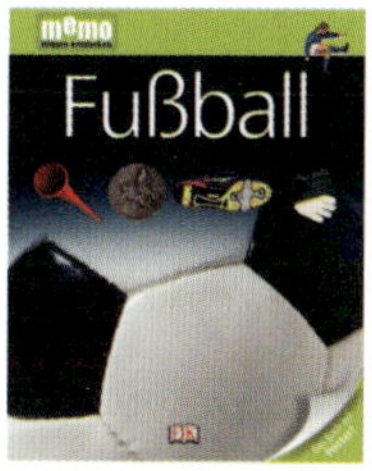
memo
Fußball
53

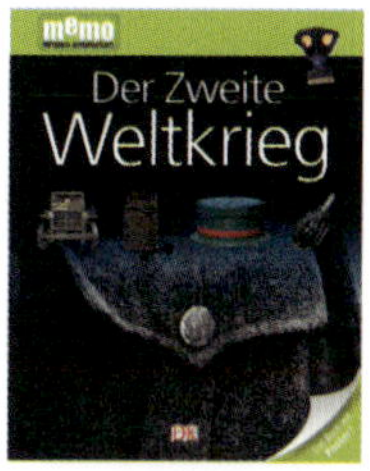
memo
Der Zweite
Weltkrieg
54

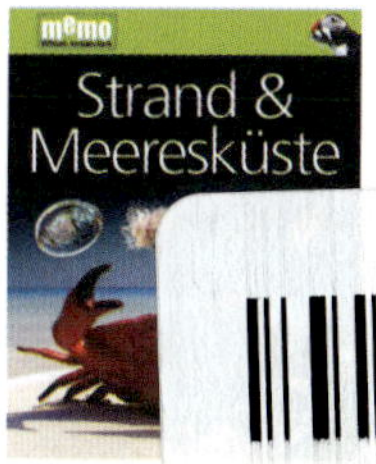
memo
Strand &
Meeresküste
5

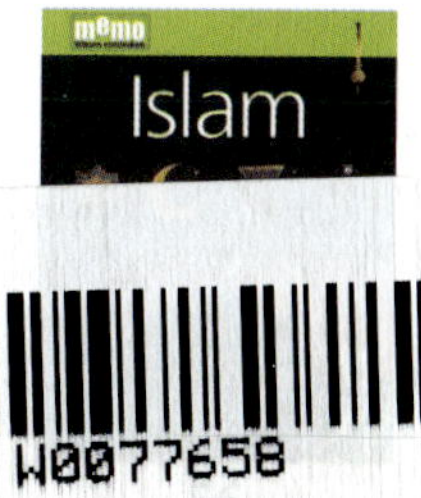
memo
Islam

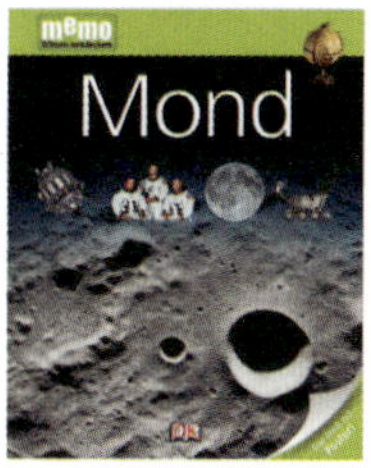
memo
Mond
57

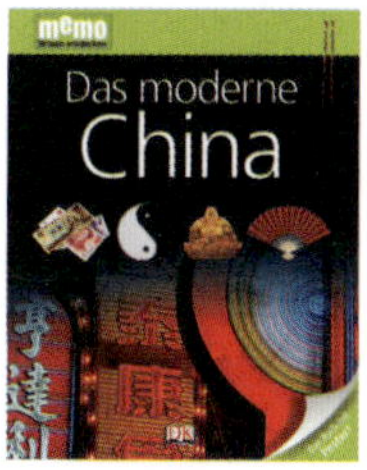
memo
Das moderne
China
58

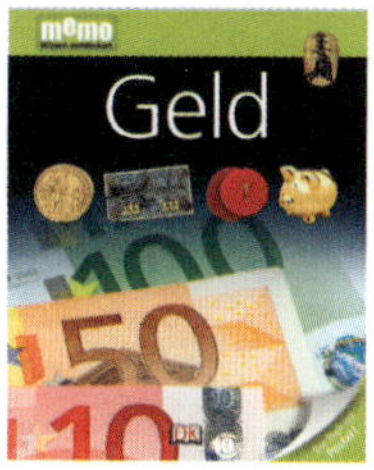
memo
Geld
59

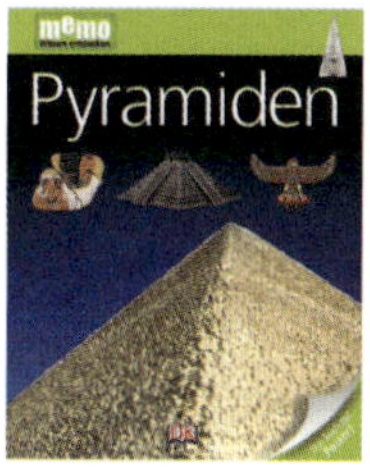
memo
Pyramiden
60

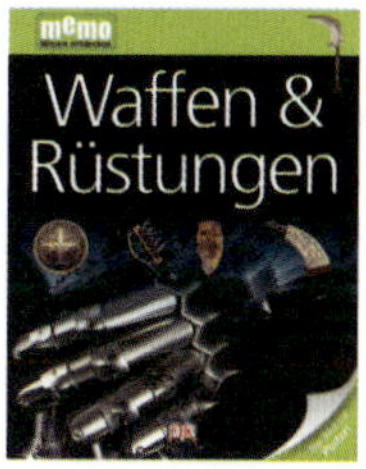
memo
Waffen &
Rüstungen
61

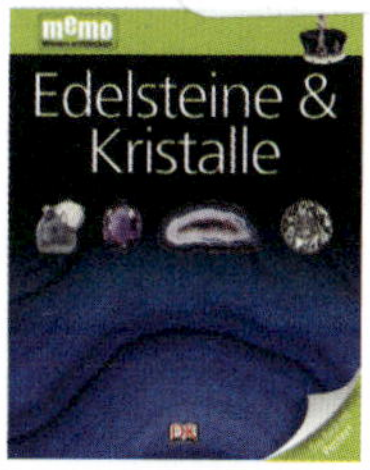
memo
Edelsteine &
Kristalle
62

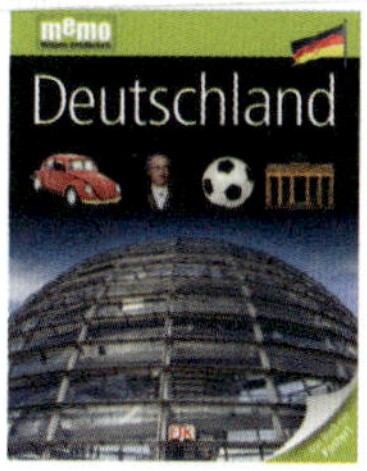
memo
Deutschland
63

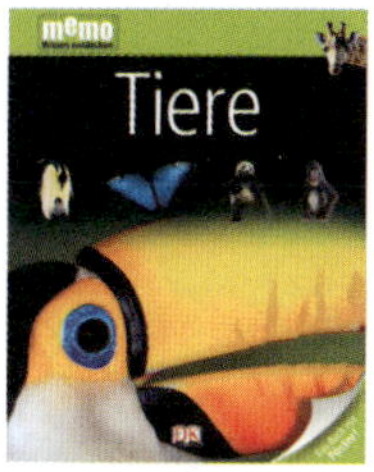
memo
Tiere
64

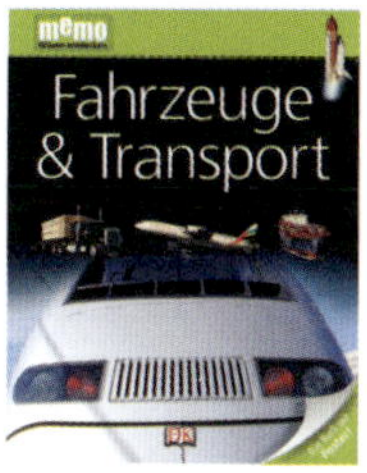
memo
Fahrzeuge
& Transport
65

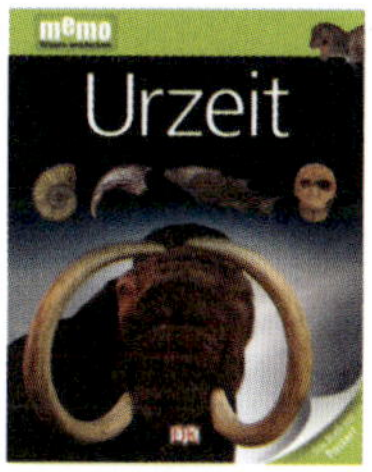
memo
Urzeit
66

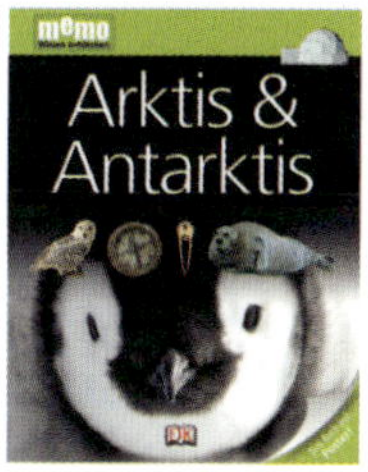
memo
Arktis &
Antarktis
67

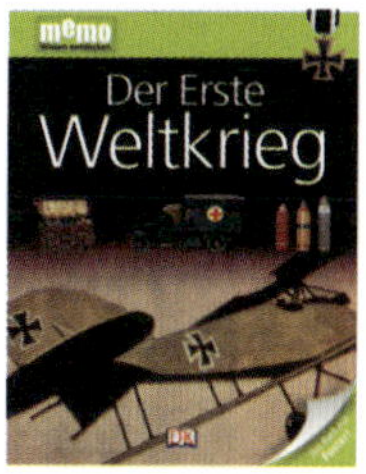
memo
Der Erste
Weltkrieg
68

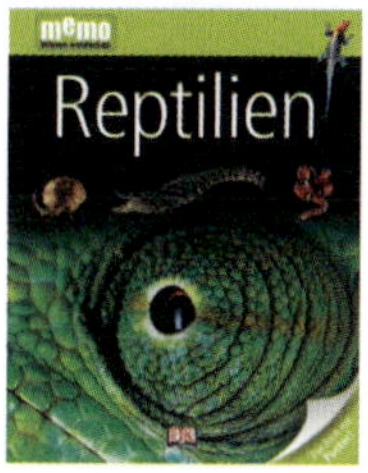
memo
Reptilien
69

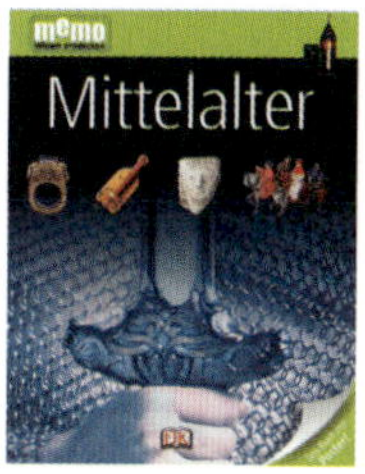
memo
Mittelalter
70

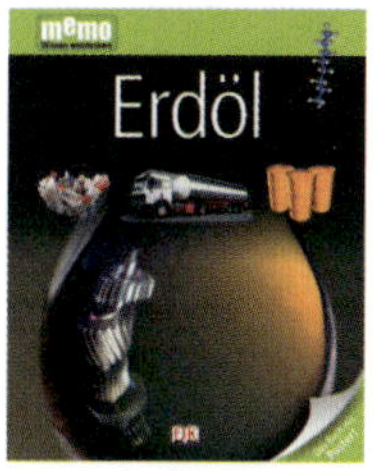
memo
Erdöl
71

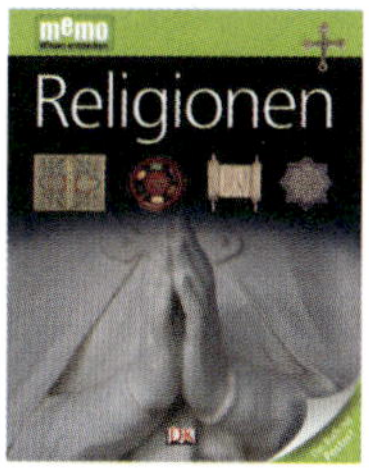
memo
Religionen
72

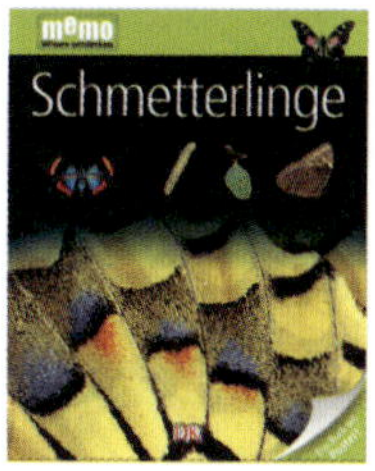
memo
Schmetterlinge
73

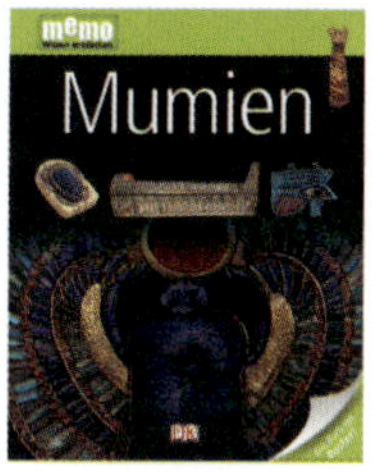
memo
Mumien
74

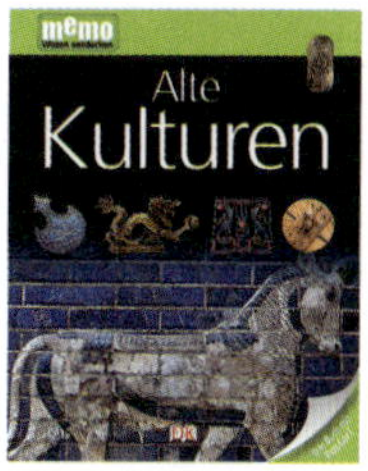
memo
Alte
Kulturen
75

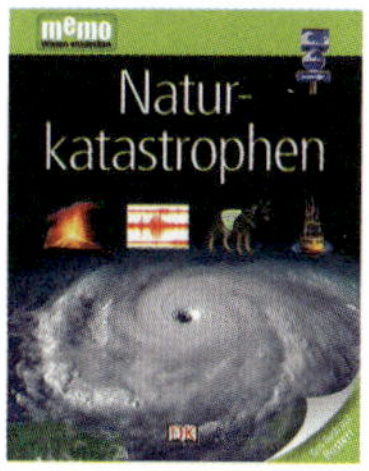
memo
Natur-
katastrophen
76

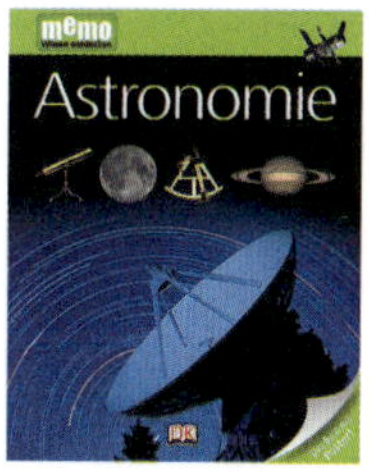
memo
Astronomie
77

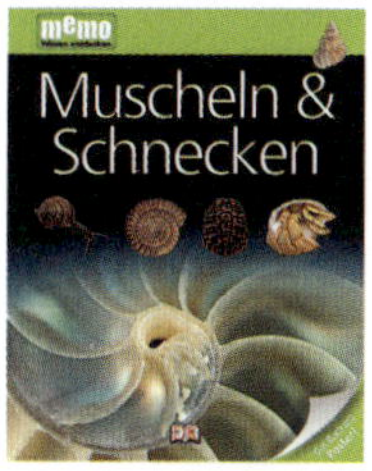
memo
Muscheln &
Schnecken
78

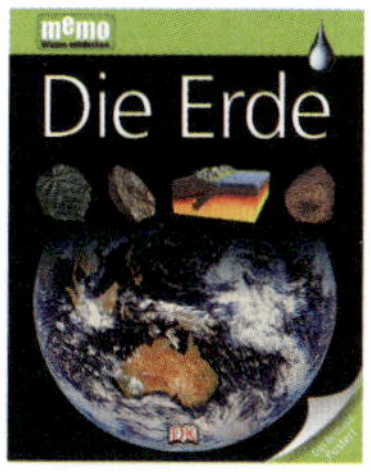
memo
Die Erde
79

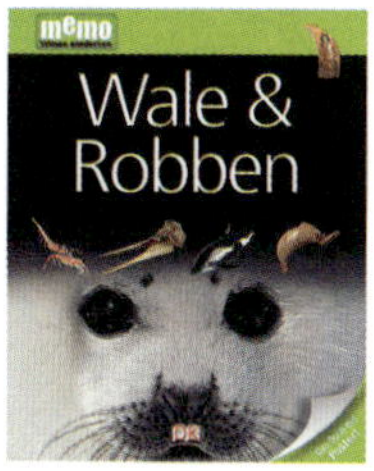
memo
Wale &
Robben
80

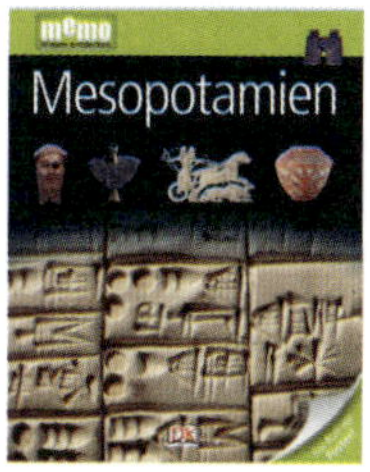
memo
Mesopotamien
81

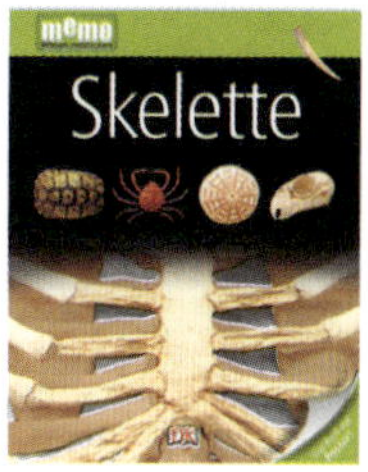
memo
Skelette
82

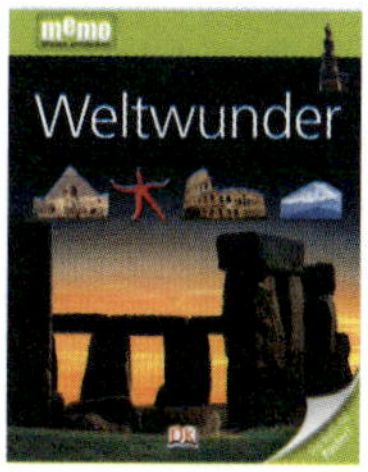
memo
Weltwunder
83

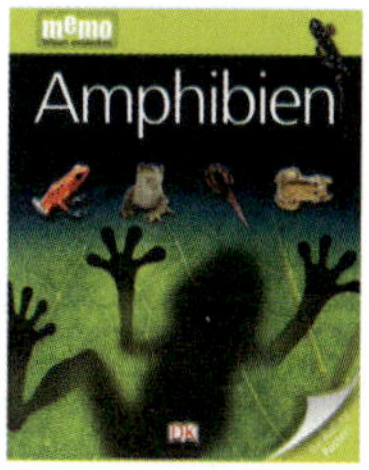
memo
Amphibien
84

memo
Raumfahrt
85

memo
Bäume
86

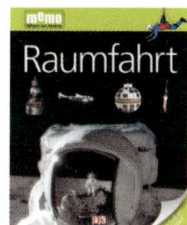

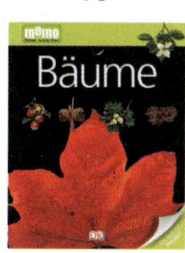

Natur-
wissenschaften

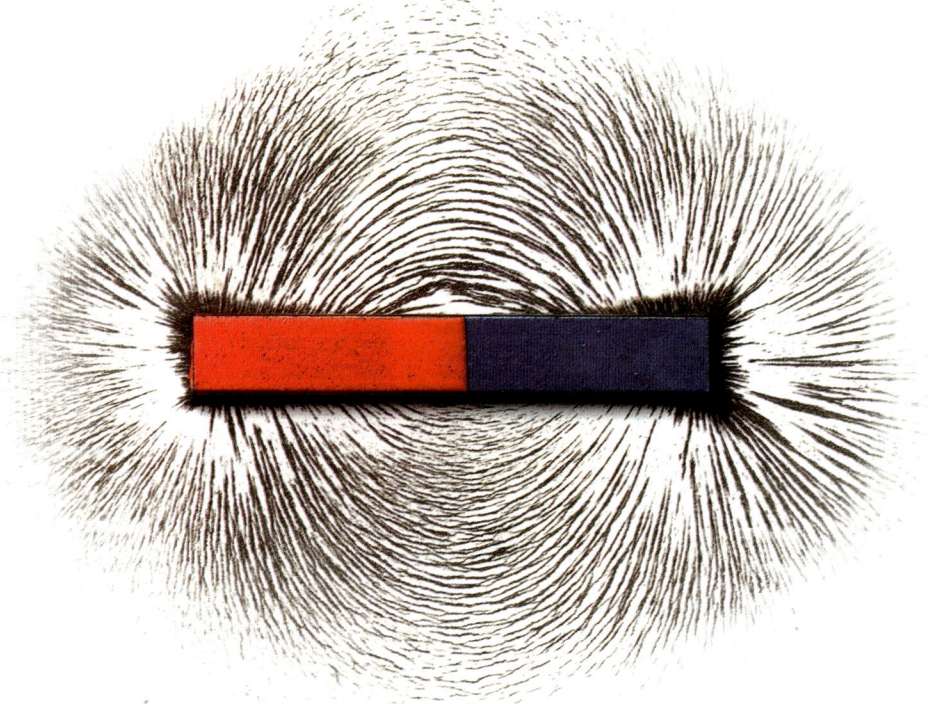

Kugelstoßpendel

Sextant

Apfeluhr

Roter Phosphor

Zinkkörnchen

Laborgeräte

Natur-wissenschaften

Brom im Kolben

Struktur eines Chromosoms

Text von
Tom Jackson

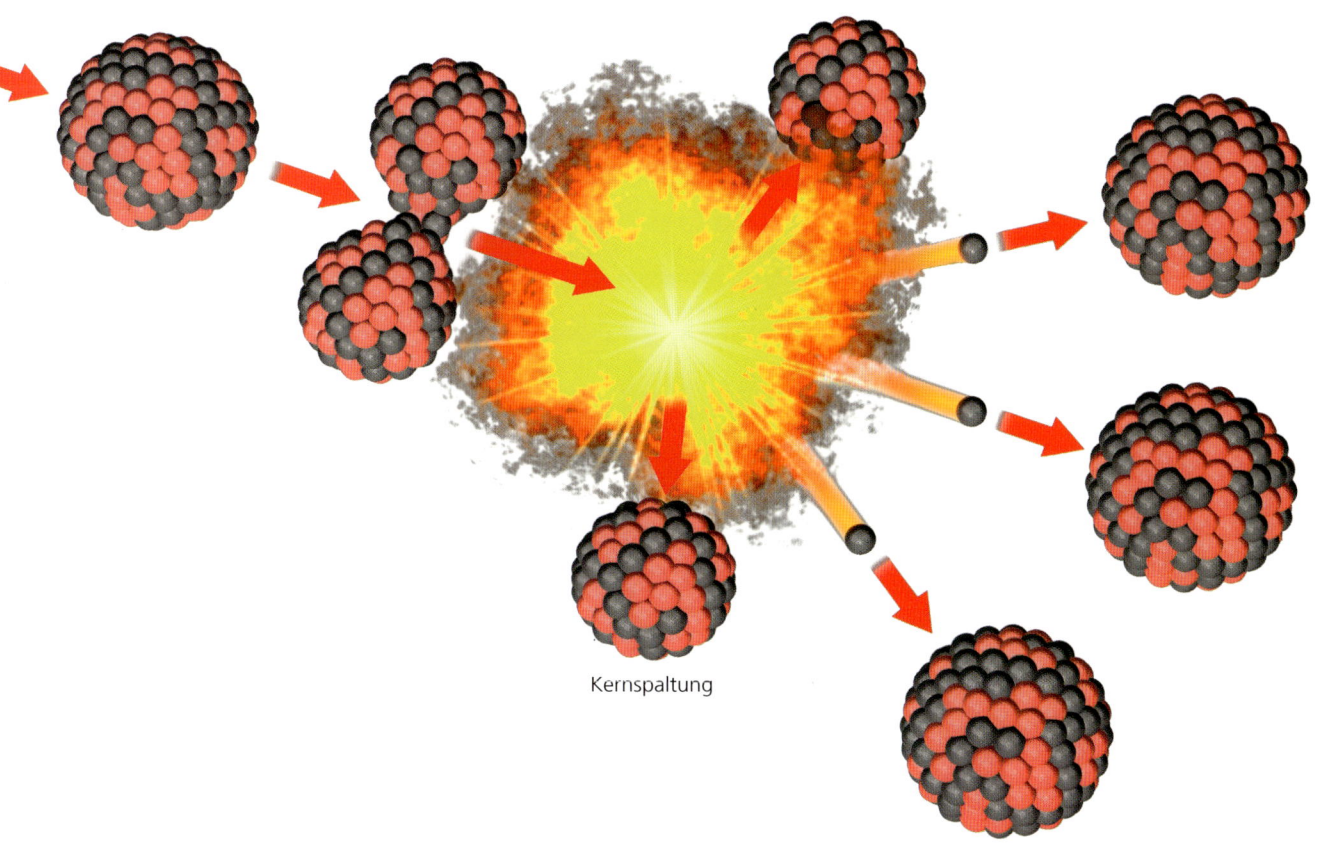

Kernspaltung

Sonnensonde

Fachliche Beratung Dr. Donald R. Franceschetti

DK Delhi
Projektbetreuung Ankush Saikia
Gestaltung Govind Mittal, Mitun Banerjee,
Devika Dwarkadas, Shruti Soharia Singh
Lektorat Kingshuk Ghoshal
Redaktionsassistenz Virien Chopra
DTP-Design Tarun Sharma, Jagtar Singh
Cheflektorat Suchismita Banerjee
Chefbildlektorat Romi Chakraborty
Herstellung Pankaj Sharma, Aparna Sharma

DK London
Lektorat Dr. Rob Houston
Redaktion Jessamy Wood
Cheflektorat Julie Ferris
Chefbildlektorat Owen Peyton Jones
Programmleitung Andrew Macintyre
Bildrecherche Jo Walton, Karen VanRoss
Herstellung Siu Yin Chan, Charlotte Oliver
Umschlaggestaltung Smiljka Surla

Für die deutsche Ausgabe:
Programmleitung Monika Schlitzer
Projektbetreuung Martina Glöde, Janna Heimberg
Herstellungsleitung Dorothee Whittaker
Herstellung Anna Ponton

Titel der englischen Originalausgabe:
Eyewitness Science

Übersetzung Susanne Schmidt-Wussow
Lektorat Martin Kliche
Satz Roman Bold & Black

ISBN 978-3-8310-1895-6

Colour reproduction by MDP, UK
Printed and bound in China

Besuchen Sie uns im Internet
www.dorlingkindersley.de

Fledermäuse orientieren sich
im Flug per Echoortung.

pH-Teststreifen

Lavalampe

Cinnabarit (Zinnober), ein Quecksilbererz

Zhang Hengs Erdbebendetektor

Inhalt

Gallium schmilzt in der Hand.

Antwortsuche	6
Grundlagen	8
Helfer im Alltag	10
Weltbewegendes	12
Von Magie zur Methode	14
Neue Ordnung	16
Wissenschaftliche Methoden	18
Viele Elemente	20
Atome von innen	24
Wellen	26
Lichtstrahlen	28
Schall	30
Aggregatzustände	32
Gut gemischt	34
Chemische Reaktionen	36
Säuren und Basen	38
Unter Strom	40
Magnetismus	42
Aus der Tiefe	44
Atomenergie	46
Chemie des Lebens	48
Die Doppelhelix	50
Evolution	52
Die Zelle	54
Lebensenergie	56
Zeit und Raum	58
Ungelöste Fragen	62
Periodensystem	64
Messungen	66
Wissensgebiete	68
Glossar	70
Register	72

Antwortsuche

Antworten auf die Geheimnisse des Universums lassen sich auf unterschiedliche Arten finden. Die Wissenschaft ist nur eine, wenn auch eine ganz besondere. Wissenschaftler raten nicht, sondern prüfen ihre Ideen nach einem bestimmten System. Theorien und Schlussfolgerungen werden ständig infrage gestellt. Überkommene Vorstellungen werden ersetzt, wenn neue, unerklärliche Informationen auftauchen. Macht ein Wissenschaftler eine Entdeckung, überprüfen andere sie sorgfältig, bevor sie die Information in ihren eigenen Forschungen verwenden. Indem neues Wissen auf älteren Entdeckungen aufgebaut wird, können die Wissenschaftler eigene Fehler korrigieren. Auf der Grundlage dieses Wissens entwickeln wir Werkzeuge und Maschinen, die unser Leben verändern und einfacher machen.

14 Zeilen eines mathematischen Texts in Keilschrift

RUNDE ZAHLEN

Wissenschaftler müssen die Dinge genau beschreiben und das tun sie mit Zahlen und Maßen. Seit Jahrhunderten zeichnen Menschen ihre Messungen auf. Die Babylonier, die zwischen 1900 und 600 v. Chr. über Teile des heutigen Irak herrschten, ritzten ihre Zahlen in nassen Ton, den sie dann trocknen ließen. Das altbabylonische Zahlensystem, das auf der 60 aufbaute statt auf der 10, verwenden wir teilweise heute noch: Sekunden und Minuten werden im babylonischen 60er-System gezählt und Kreise unterteilen wir in 360 Grad, also in sechs 60er-Gruppen.

MUSTER ERKENNEN

Wissenschaftler versuchen, Muster in der Natur zu erklären. Auch alte Kulturen wollten Erklärungen für natürliche Phänomene finden. So beobachteten die Maya in Mexiko, wie die Tage und Nächte im Jahreslauf länger und kürzer wurden. An zwei Tagen im Jahr, den Tagundnachtgleichen, sind beide genau gleich lang. Die Maya glaubten, an diesen Tagen würde eine Schlangengöttin vom Himmel heruntergleiten. Die Pyramide von Chichén Itzá stellt dies nach: Wenn die Sonne am Tag der Tagundnachtgleiche aufgeht, sieht ihr Schatten auf den Pyramidenstufen aus wie eine Schlange.

Schlangenähnlicher Schatten

Ibn al-Haitham auf einer Briefmarke des Emirats Katar

SEHEN HEISST GLAUBEN

Wissenschaftler müssen gute Beobachter sein – doch woher wissen wir, dass das Gesehene von außen kommt und nicht im Kopf entsteht? Diese Frage beantwortete vor rund 1000 Jahren der arabische Wissenschaftler Ibn al-Haitham (auch Alhazen). Er bewies seine Thesen als einer der Ersten durch Experimente. Er zeigte, dass das Licht von Objekten in die Augen wandert (S. 28) und nicht etwa aus den Augen kommt und von den Objekten abprallt.

DAS UNIVERSUM UND DER GANZE REST

Zusammen haben die Wissenschaftler so viel Wissen erarbeitet, dass niemand alles wissen kann. Jeder Wissenschaftler ist Experte auf einem bestimmten Gebiet (S. 68–69). Diese Höhle aus Rohren und Drähten gehört zum Großen Hadronen-Speicherring (S. 62). Mit seiner Hilfe wird erforscht, wie das Universum vor Milliarden von Jahren entstand. Hier arbeiten Physiker. Die Bezeichnung dieser Wissenschft leitet sich aus dem griechischen Wort *physis* für „Natur" her. Die Physik ist die Lehre von Masse, Energie und den Kräften in allen Objekten des Universums. Die Wissenschaft erforscht noch unzählige weitere Gebiete – Mineralogen befassen sich mit Kristallen, Meteorologen verfolgen Wetteränderungen und Malakologen sind Experten für Schnecken.

VERSCHIEDENE SICHTWEISEN

Viele Wissenschaftler untersuchen Fundstücke auf unterschiedliche Weise. Einen Biologen interessiert, dass dieses Fossil ein Trilobit ist, ein 420 Mio. Jahre altes Meereslebewesen. Für einen Geologen ist es ein Kalkstein, der aus einer Schale entstanden ist, die nach dem Tod des Tiers auf den Meeresboden sank und versteinerte. Ein Chemiker analysiert die Zusammensetzung und findet heraus, dass der Stein aus Kalziumkarbonat (Kohlenstoff, Kalzium und Sauerstoff) besteht.

Der Physiker wirkt wie ein Zwerg vor der gewaltigen Kammer, die nur einen kleinen Teil des Großen Hadronen-Speicherrings darstellt.

ANWENDUNG VON WISSEN

Neugier ist der Motor der Forschung. Wissenschaftler lösen die Rätsel des Universums von der Sternenexplosion bis zum Flug der Hummel. Die angewandte Wissenschaft löst mithilfe dieser Forschungsergebnisse Probleme. Dieser Roboterarm wurde so gebaut, dass er möglichst ähnlich funktioniert wie ein echter. Physiologen bauten das echte Armgelenk nach und Neurologen (Nervenspezialisten) verbanden den Roboterarm so mit den Nerven des Patienten, dass er ihn wie einen echten Arm über Nervenimpulse bewegen kann.

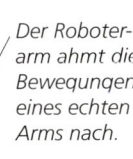

Der Roboterarm ahmt die Bewegungen eines echten Arms nach.

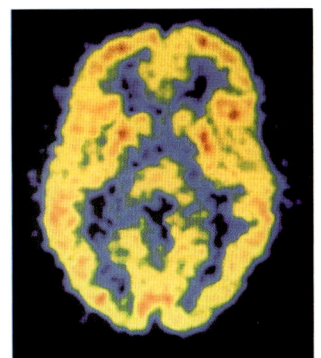
PET-Scan eines aktiven Gehirns

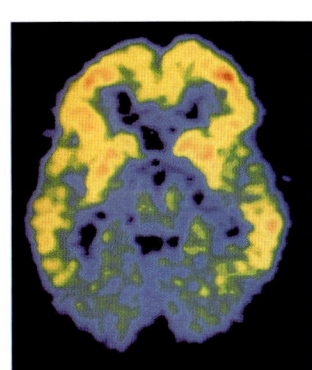
PET-Scan eines ruhenden Gehirns

JENSEITS DER WISSENSCHAFT

Wissenschaftler untersuchen, was man aufzeichnen und messen kann. Es ist noch nicht möglich aufzuzeichnen, was jemand denkt. Eines der großen Rätsel der modernen Wissenschaft bleibt das menschliche Gehirn. Mit einem PET-Scanner kann man sehen, welche Gehirnbereiche zu welchen Zeiten aktiv sind. Jeden Tag gibt es neue Erkenntnisse, aber wir wissen noch immer nicht, ob das menschliche Gehirn klug genug ist, um sich selbst zu verstehen!

Grundlagen

Alte Kulturen erklärten die Welt durch Geschichten, die Mythen genannt werden. Der zentralafrikanische Stamm der Bakuba glaubte, die Erde entstand, als ein Riese sie ausspuckte. Die alten Römer dachten, Stürme und Erdbeben würden aufkommen, wenn der Meeresgott Neptun wütend war. Vor etwa 2500 Jahren begannen griechische Philosophen wie Thales von Milet und Aristoteles, die Prinzipien des Universums anhand ihrer Beobachtungen zu hinterfragen. Sie dachten als Erste in der Geschichtsschreibung wie Wissenschaftler und sammelten Wissen durch die Beobachtung natürlicher Phänomene. Auch in anderen Teilen der Welt wie in Ägypten, Indien und China machten Denker Entdeckungen und entwickelten neue Theorien. Auch wenn sich einige dieser Vorstellungen später als falsch erwiesen, legte ihre revolutionäre Denkweise die Grundlage für die moderne Wissenschaft.

Illustration aus dem 15. Jh. mit den vier Elementen der Griechen

VIER ELEMENTE
Die Denker des Altertums glaubten, dass alles aus wenigen Elementen besteht – einfachen Substanzen, die sich nicht weiter teilen lassen. In Asien kannte man fünf oder sechs Elemente, aber die meisten griechischen Philosophen meinten, es gebe nur vier: Feuer, Luft, Erde und Wasser. In ihren Augen bestand jedes Objekt auf der Welt aus einer Mischung dieser Elemente.

Illustration aus dem 16. Jh. mit der Weltsicht des Aristoteles

ZENTRIERT BLEIBEN
Dem griechischen Philosophen Aristoteles (384–322 v. Chr.) zufolge setzte sich das Universum aus Ringen zusammen. Im Zentrum der Erde war das Feuer, gefolgt von Schichten aus Erde, Wasser und Luft. Die Sonne, der Mond und die Planeten bewegten sich um die Erde, während die Sterne den äußeren Ring bildeten. Aristoteles hatte keinen Beweis, aber die Beschreibung passte zu seinen Beobachtungen und er folgerte, dass die Erde im Zentrum steht. Sein Modell des Universums blieb 1900 Jahre lang gültig.

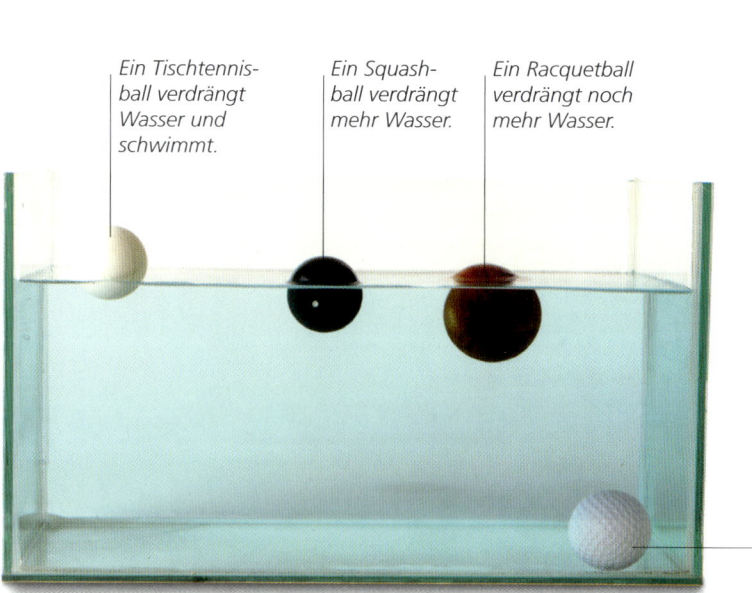

Ein Tischtennisball verdrängt Wasser und schwimmt.

Ein Squashball verdrängt mehr Wasser.

Ein Racquetball verdrängt noch mehr Wasser.

Ein Golfball sinkt.

VERDRÄNGUNGSMECHANISMEN
Die Lehren des griechischen Denkers Archimedes (287–212 v. Chr.) gelten noch heute. Er fand beispielsweise heraus, warum Objekte schwimmen. Beim Baden bemerkte Archimedes, dass er Wasser verdrängte. Seine Schlussfolgerung: Ein Objekt sinkt, wenn das Gewicht des verdrängten Wassers geringer ist als sein eigenes. Wenn nicht, schwimmt es. Deswegen sinkt ein schwerer Golfball, während leichtere Bälle schwimmen.

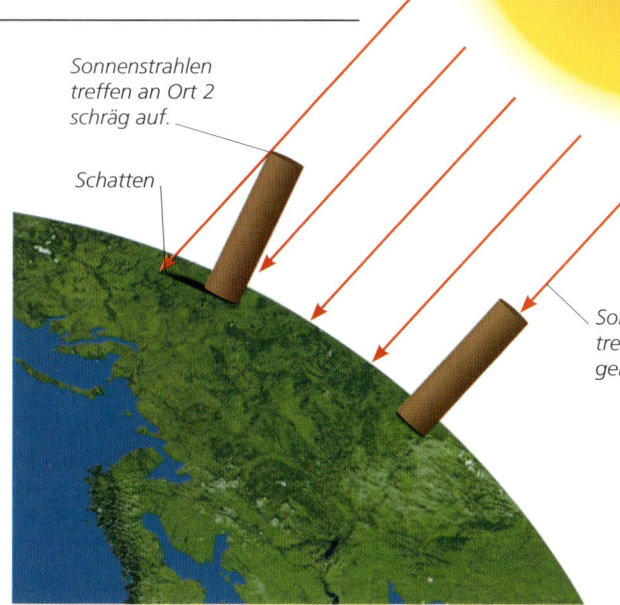

Sonne

Sonnenstrahlen treffen an Ort 2 schräg auf.

Schatten

Sonnenstrahlen treffen an Ort 1 gerade auf.

ERDVERMESSUNG

Der Mathematiker Eratosthenes lebte vor 2200 Jahren in Ägypten. Er beobachtete, dass er in Assuan mittags keinen Schatten warf, weil die Sonne direkt über ihm stand. Weiter nördlich in Alexandria jedoch warf er einen Schatten, weil die Sonnenstrahlen schräg auftrafen. Der Unterschied beruht auf der Erdkrümmung. Indem er die Länge der Schatten maß, bestimmte Eratosthenes die Stärke der Erdkrümmung und berechnete daraus den gesamten Erdumfang. Sein Ergebnis, die 50-fache Entfernung zwischen Assuan und Alexandria, wich erstaunlicherweise nur 318 km von der aktuellsten Messung ab (40 008 km).

HEILKRÄFTE

Die Ärzte im alten Ägypten nutzten zum Heilen ihr medizinisches Wissen ebenso wie ihren Glauben an magische Rituale. Einer der ersten namentlich bekannten Ärzte in der Geschichtsschreibung war Imhotep, der vor etwa 4600 Jahren lebte. Er gilt als Verfasser einer Handschrift mit einer sehr wissenschaftlichen Beschreibung des menschlichen Körpers. Ein ägyptischer Arzt stellte auch vor etwa 3000 Jahren das erste bekannte künstliche Körperteil her, einen großen Zeh aus Holz. Mit dieser Holzprothese konnte eine ägyptische Adlige ohne Krücken laufen.

Ein Lederriemen befestigt den Zeh am Fuß.

Mumifizierte Haut

Aus Holz geschnitzter großer Zeh

Fuß einer altägyptischen Mumie mit künstlichem Zeh

Durch die Explosion wird die Kanonenkugel herausgeschossen.

300 Jahre alte chinesische Kanone

GROSSE ENTDECKUNGEN

Nicht nur im alten Griechenland wurden bedeutende Entdeckungen gemacht. In Indien führten Mathematiker die Null ein, um Berechnungen zu erleichtern, und Chirurgen entwickelten komplexe Behandlungen wie Augenoperationen. Aus China stammen vier Erfindungen, die die Welt veränderten: Kompass, Schießpulver, Papier und Buchdruck. Das Schießpulver wurde vermutlich zufällig bei der Suche nach einem Mittel entwickelt, das unsterblich machen sollte. Stattdessen stellten die Forscher ein Pulver her, das sehr schnell und heiß in einer Feuerkugel verbrennt.

WISSENSCHAFTLERINNEN

Auch Frauen trugen viel zu unserem Verständnis der Welt bei. Das Wasserbad, mit dem heute im Labor Flüssigkeiten erhitzt werden, heißt *balneum mariae* (Marienbad) nach der jüdischen Gelehrten Maria, die vor etwa 2000 Jahren in Ägypten forschte. Die Philosophin und Mathematikerin Hypatia von Alexandria, die in diesem Ausschnitt des berühmten Gemäldes *Die Schule von Athen* aus dem 16. Jh. zu sehen ist, lebte vor 1600 Jahren. Hypatia half bei der Entwicklung des Hydrometers, das die Dichte von Flüssigkeiten misst. Am tiefsten sinkt es in Flüssigkeiten mit geringer Dichte ein, etwa in Benzin.

Helfer im Alltag

Die Wissenschaft ist nützlich: Mithilfe wissenschaftlich erkannter Prinzipien werden in Bereichen wie Medizin und Technik neue, bessere Technologien hervorgebracht. In den angewandten Wissenschaften werden Maschinen, Geräte und Techniken entwickelt. Dabei war Technologie nicht immer wissenschaftlich. Auch die in alten Kulturen verwendeten Steinbeile waren eine Form der Technologie. Die Anwendung neuer Erkenntnisse brachte die moderne Technologie weit voran: Anstelle von Steinäxten erfanden Ingenieure Sägen, die mit scharfen Diamanten, heißen Laserstrahlen und sogar mit Wasserstrahlen schneiden. Früher erfanden Menschen einfache Maschinen, ohne die Prinzipien dahinter genau zu verstehen. Später benannten Wissenschaftler diese einfachen Maschinen – Hebel, Schraube, Keil, Rampe, Flaschenzug und Rad – und erkannten, dass komplexe Maschinen durch eine Kombination dieser Prinzipien funktionieren.

Das Klavier wird in kleinen Schritten auf der Rampe nach oben bewegt.

RAMPEN

Eine Rampe ist die Umkehrung des Keilprinzips. Hebt man dieses schwere Klavier ohne Rampe mit einem Schwung in den Lastwagen, benötigt man sehr viel Kraft. Durch die Rampe kann die Kraft in kleinere Schritte unterteilt werden. Die Arbeiter schieben das Klavier mit mehreren kleinen statt einem großen Schritt langsam nach oben. Auch eine Treppe funktioniert wie eine Rampe – mit ebenen Stufen, damit wir besser darauf stehen können.

AM ANFANG WAR DER KEIL

Das erste Gerät, das je erfunden wurde (und eins der frühesten Beispiele für Technologie), war der Keil. *Homo habilis*, ein Vorfahre des *Homo sapiens* (heutiger Mensch), klopfte Steine schon vor 2 Mio. Jahren zu keilförmigen Schneiden. Auch dieses frühe Beil funktioniert nach dem Keilprinzip, wenn eine abwärts gerichtete Kraft auf das breite Ende (den Nacken des Beilkopfes) trifft. Die Kraft wird auf den dünnen Rand am anderen Ende des Keils (die Beilschneide) umgelenkt. Da dieselbe Kraft nun auf eine kleinere Fläche wirkt, drückt sie die Schneide stark genug nach unten, um durch das Objekt zu schneiden, auf das sie trifft. Andere Keilmechanismen wie Metallmesser arbeiten nach demselben Prinzip.

Handgriff zum Drehen

Wasser steigt die Rampe hinauf.

SCHRAUBENDREHUNG

Eine Schraube lässt sich als Rampe betrachten, die um einen Zylinder gewickelt ist. Beim Eindrehen in ein Brett bohrt sie sich immer tiefer ins Holz, sie kann aber dank ihrer verdrillten Form nicht mehr herausfallen. So eignet sie sich ideal zum Verbinden von Gegenständen. Schrauben lassen sich jedoch auch anders einsetzen. Die Archimedische Schraube, die nach dem griechischen Philosophen benannt wurde, nutzte man jahrhundertelang zur Wasserförderung. Der untere Teil taucht in das Wasser, sodass Wasser mit jeder Drehung ein Stück die Rampe hochströmt.

ALLES BEWEGEN

Hebel funktionieren wie seitlich versetzte Wippen. Drückt man ein Ende hinunter, hebt sich das andere. Der Hebel vervielfacht eine geringe Kraft, die weit entfernt vom Dreh- oder Angelpunkt ansetzt. Nach diesem Prinzip funktionieren z. B. Hammer und Schere. Archimedes sagte einmal, hätte er einen ausreichend langen Hebel und einen Punkt, an dem er stehen könnte, würde er die Welt aus den Angeln heben.

Die Kraft wird weit entfernt vom Angelpunkt angesetzt.

Angelpunkt

Die Kraft wirkt am Angelpunkt stärker.

ZAHNRAD-COMPUTER

Der uralte Mechanismus von Antikythera wurde in einem 2100 Jahre alten Schiffswrack vor Kreta gefunden. Ursprünglich bestand er aus Dutzenden verbundener Zahnräder, die sich nacheinander bewegten. So konnte das Instrument die Position von Sonne oder Mond an jedem Tag des Jahres berechnen.

Flaschenzug   *Glocke*

Blöcke markieren die Stunden.

RUNDHERUM

Ein Rad funktioniert wie eine Scheibe aus Hebeln, die in allen Richtungen von der Nabe – dem Angelpunkt – ausgehen. Jeder Hebel verbindet die Nabe mit der Außenkante des Rads, genauer mit dem Punkt, an dem der Reifen den Boden berührt. Das Rad wird von dem Jungen über die Pedale in Drehung versetzt. Die Hebelwirkung übersetzt die kleinen Nabenbewegungen in große Schwünge an der Außenkante des Rads. Der Reifen findet Halt am Boden, daher drückt das Rad beim Drehen rückwärts gegen den Boden und das Fahrrad bewegt sich nach vorn. Das Rad ist vielleicht der wichtigste aller einfachen Maschinen. Karren und Kutschen gab es im Nahen Osten und in Osteuropa schon vor 6000 Jahren.

Schwerkraftuhr (19. Jh.)

ZEITMESSUNG

Uhren sind Maschinen, die mit einer festen Geschwindigkeit funktionieren und daher die Zeit genau messen. Dazu müssen sie durch eine konstante, unveränderliche Kraft angetrieben werden. Die einfachsten Uhren nutzen die Schwerkraft. Die ältesten bekannten Uhren, steinerne Wasserflaschen, wurden vor 3400 Jahren in Ägypten benutzt. Das Wasser tropfte durch die Schwerkraft gleichmäßig aus der Flasche, die immer nach derselben Zeit leer war. Bei der Uhr im Bild zieht die Schwerkraft ein Gewicht an einer Stahltrommel langsam an den Stundenblöcken nach unten. Durch ein Hebelsystem wird die Glocke geläutet, wenn die Trommel unten ist und wieder hochgezogen werden muss.

Die Nabe bildet den Angelpunkt, um den die Speichen rotieren.

Stahltrommel   *Gewicht*

Der Hammer bewegt sich nach vorn und dreht das Rad.

IMMER IN BEWEGUNG

Dieses Rad von 1235 sollte sich ewig weiterdrehen. Dazu kippt das oberste Gewicht nach vorn und dreht das Rad weiter, bis das nächste Gewicht überkippt. Aber wie alle Geräte stand es irgendwann still, wenn man es nicht von Zeit zu Zeit anstieß. Erst im 19. Jh. entdeckten Wissenschaftler, warum eine endlose Bewegung unmöglich ist. Die beweglichen Teile eines Geräts reiben aneinander und werden dabei heiß. Nach und nach geht die gesamte Energie im System als Abwärme verloren und das Gerät steht still.

Weltbewegendes

Manchmal finden Wissenschaftler heraus, dass alte Wahrheiten nicht stimmen. Ein Buch von Nikolaus Kopernikus, das 1543 nach seinem Tod erschien, veränderte die Weltsicht der Menschen von Grund auf. Bis dahin glaubte man, dass die Erde im Mittelpunkt des Universums steht und sich alles andere – Sonne, Planeten und Sterne – um sie dreht. Aber einige Planeten zogen gelegentlich langsamer oder schneller über den Himmel und liefen sogar rückwärts. Kopernikus erklärte dieses Verhalten damit, dass die Erde nur einer von mehreren Planeten ist, die um die Sonne kreisen. Seine Theorie stellte Tatsachen infrage, die man bis dahin immer akzeptiert hatte. Im Lauf der nächsten Jahrzehnte stellten europäische Gelehrte das etablierte Wissen vor allem der altgriechischen Denker auf den Prüfstand und revolutionierten die Wissenschaft.

Ein Orrery zeigt den Lauf der Planeten um die Sonne.

GEFÄHRLICHE IDEE

Im 16. Jh. beherrschte die katholische Kirche große Teile Europas und vertrat die These, dass die Erde der Mittelpunkt des Universums ist. Wer anderer Meinung war oder nur ein Modell der Planetenbahnen um die Sonne (ein Orrery) baute, kam ins Gefängnis. Kopernikus kannte die Gefahr und hielt seine Entdeckung bis kurz vor seinem Tod geheim.

DRUCKAUSGLEICH

Die alten Griechen glaubten, die Anemoi (Windgötter) kontrollierten Jahreszeiten und Wetter. 1643 nutzte der italienische Wissenschaftler Evangelista Torricelli erstmals wissenschaftliche Methoden zur Wettervorhersage. Sein Barometer war eine U-förmige Säule, die mit dem flüssigen Metall Quecksilber gefüllt war. Es maß den Luftdruck, also die Kraft, mit der die Luft auf der Erdoberfläche lastet. Die Luft drückte auf das offene Ende der Torricelli-Röhre und das Quecksilber am anderen Ende stieg. So fand man heraus, dass bei hohem Luftdruck der Tag wahrscheinlich trocken blieb. Moderne Wetterkarten verbinden Punkte mit gleichem Luftdruck durch sogenannte Isobaren. So lassen sich Wetterveränderungen vorhersagen.

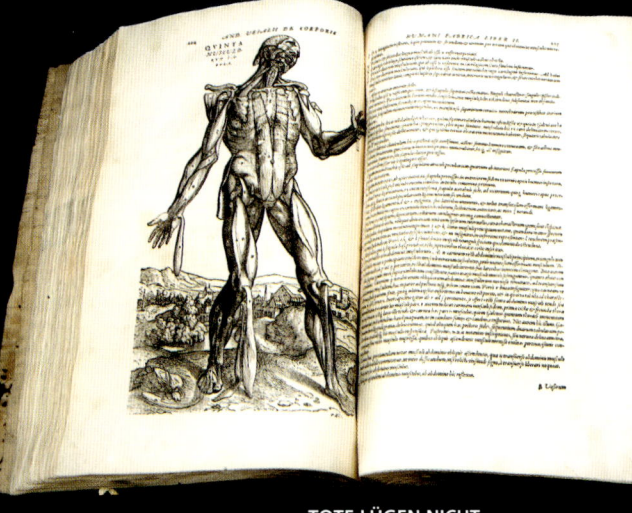

De *humani corporis fabrica* von Andreas Vesalius

TOTE LÜGEN NICHT

Der römische Arzt Galen genoss über Jahrhunderte unangetastete Autorität im Bereich der menschlichen Anatomie, der Lehre vom Aufbau des Körpers. Im 16. Jh. sezierte der belgische Arzt Andreas Vesalius Leichen, um ihre Anatomie zu erforschen. Er fertigte äußerst detaillierte Zeichnungen des Körpers von innen und außen an. Vesalius veröffentlichte seine Arbeit in dem Buch *De humani corporis fabrica* (*Über den Bau des menschlichen Körpers*). Seine Bilder waren die ersten exakten Aufzeichnungen über die menschliche Anatomie und korrigierten viele Fehler in Galens Arbeiten.

Isobaren zeigen Orte mit gleichem Luftdruck.

GLEICHSTAND

Der griechische Denker Aristoteles hatte behauptet, schwere Objekte fallen schneller zu Boden als leichte. Im 16. Jh. jedoch bewies der junge Wissenschaftler Galileo Galilei bei Fallexperimenten mit großen und kleinen Kanonenkugeln das Gegenteil. Er fand heraus, dass die Kugeln gleich schnell fielen und gleichzeitig aufschlugen. Daraus schloss er, dass Objekte unabhängig von ihrem Gewicht gleich schnell fallen.

Nachbildung von Torricellis Barometer

Eine Wetterkarte zeigt Gebiete mit hohem und niedrigem Luftdruck.

Erdzugewandte
Seite des Mondes

Der Tycho-Krater ist auch auf Galileis Zeichnungen eingezeichnet.

RICHTUNGSWEISEND

Seit Jahrhunderten wusste man schon, dass ein beweglicher Magnet immer in dieselbe Richtung nach Norden zeigt. William Gilbert bewies 1600, dass jeder kleine Magnet von einem weitaus größeren angezogen wird – der Erde. Dazu stellte er aus einem kugelförmigen Magneten eine Terrella her, ein Modell der Erde. Bewegte er einen kleineren Magneten über die Terrella-Oberfläche, richtete sich dieser immer zum Nordpol der Terrella aus. Nach seiner Theorie besitzt die Erde unter ihrer Gesteinskruste eine Eisenkugel, die für den Magnetismus verantwortlich ist (S. 42)

Terrella

WEITSICHT

Vor etwa 400 Jahren hielten Händler in Venedig mit Teleskopen Ausschau nach einlaufenden Schiffen. Galilei, der damals in Venedig lebte, baute sich selbst ein starkes Teleskop und betrachtete damit den Nachthimmel. Erstaunt stellte er fest, dass der Mond wie eine kleinere Ausgabe der Erde mit Bergen und Tälern übersät war. Von diesen Merkmalen fertigte er detaillierte Zeichnungen an. Galilei fand auch heraus, dass Jupiter nicht von einem, sondern von vier Monden umkreist wird. Dies war der erste direkte Beweis für Kopernikus' These: Im Universum dreht sich nicht alles um die Erde.

Von Magie zur Methode

Das Wort „Wissenschaftler" gibt es erst seit 180 Jahren. Bis dahin nannte man Forscher Naturphilosophen oder Alchemisten. Diese gingen jedoch nicht nach modernen wissenschaftlichen Methoden vor. Die meisten Alchemisten glaubten an Magie und viele suchten nach Tränken, die übermenschliche Kräfte verliehen. Sie entdeckten aber auch neue Färbemittel und Herstellungsmethoden für wertvolle Parfüme. Dabei machten sie sich Notizen, um Prozesse wiederholen zu können, und überprüften ihre Ideen in Experimenten. Nach und nach begannen die Alchemisten so zu arbeiten wie moderne Wissenschaftler.

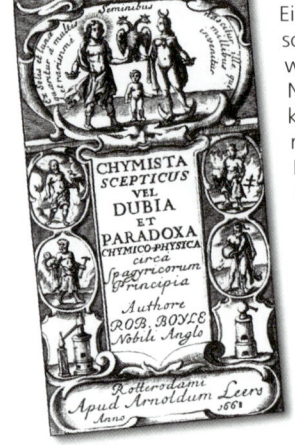

DIE LETZTEN ALCHEMISTEN

Einige der größten Wissenschaftler der Geschichte waren Alchemisten. Isaac Newton, der die Schwerkraft erklärte, suchte nach magischen Methoden, um Blei in Gold zu verwandeln. Sein Freund Robert Boyle erforschte Ähnliches, aber 1661 veröffentlichte er ein Buch namens *The Sceptical Chymist* (Der skeptische Chemiker), in dem er das Verhalten von Metallen, Gasen und Kristallen durch Wissenschaft anstelle von Magie erklärte.

HOKUSPOKUS

Die Alchemisten erforschten als Erste, woraus die Welt besteht. Die meisten suchten nach dem Stein der Weisen, der gewöhnliches Metall in Edelmetall verwandeln sollte, oder nach dem Elixier des Lebens, das angeblich unsterblich machte. Sie hielten ihre Arbeiten geheim, damit ihnen niemand ihre Ideen stehlen konnte. Ein arabischer Alchemist namens Geber z. B. zeichnete im 8. Jh. seine Ergebnisse in einem Code auf, den sonst niemand lesen konnte.

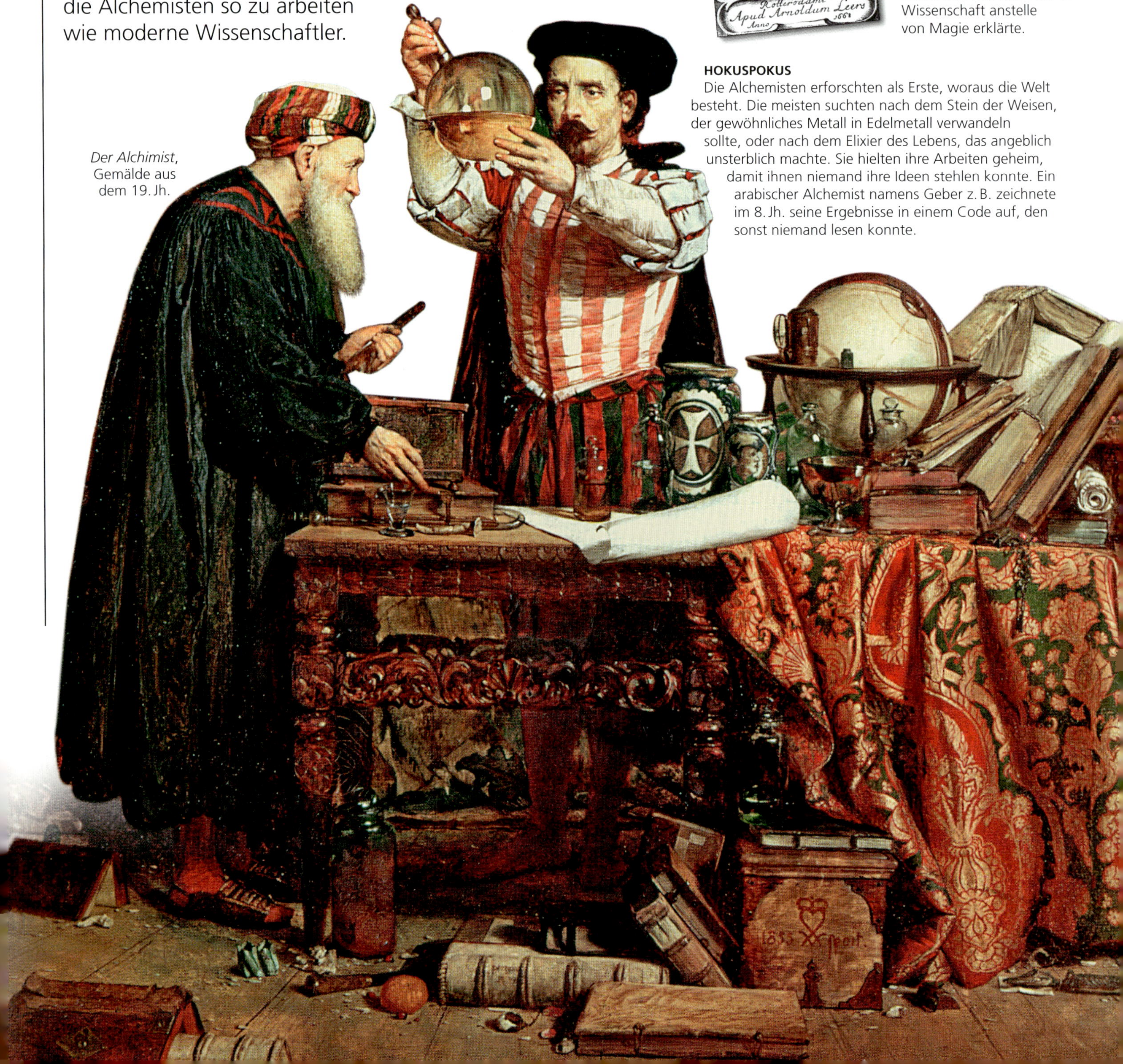

Der Alchimist, Gemälde aus dem 19. Jh.

IM LABOR

Einem modernen Chemiker wären die Geräte in der Werkstatt eines Alchemisten vertraut. Freigesetzte Gase wurden in Glasglocken gesammelt, bei Experimenten entstehende Flüssigkeiten tropften aus dem Ablaufrohr einer Retorte. Heiße Gase wurden verflüssigt, indem man sie durch einen Kühler leitete. Alchemisten lagerten Flüssigkeiten in Reagenzgläsern und Retorten und maßen sie mit der Bürette tropfengenau ab. Einfache Zeitmesser wie Sanduhren sorgten dafür, dass Gemische über die richtige Zeitspanne erhitzt wurden.

Pistill zum Zerreiben von Substanzen

Bürette

Kühler

Retorte mit Flüssigkeit

Sanduhr

Glasglocke

Reagenzglas

Mörser mit Pistill

EINE NEUE METHODE

Der englische Philosoph Francis Bacon umriss 1620 in seinem Buch *Novum Organum* eine neue Forschungsmethodik. Denker sollten die Natur auf besondere Art hinterfragen: Beobachtung, Aufstellung einer These und Überprüfung im Experiment. Informationen sollten in einfacher Sprache weitergegeben werden, damit mehr Menschen sie verstehen. Er schuf die Grundlage der modernen wissenschaftlichen Methodik.

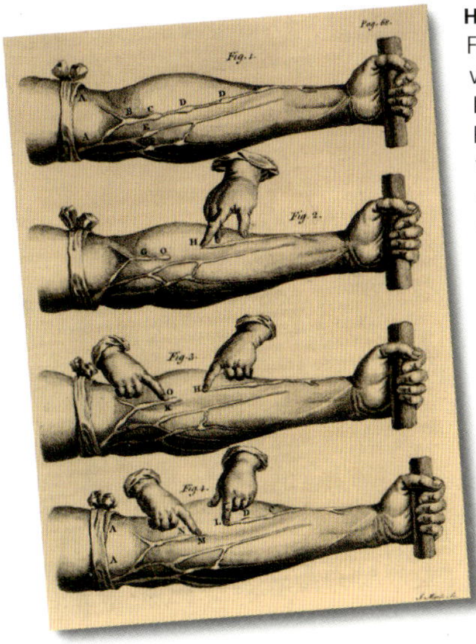

GENAUER HINSEHEN

Der Mensch nimmt nur wahr, was er sieht. Daher erfanden Wissenschaftler Geräte, mit denen sie sehr kleine oder sehr weit entfernte Dinge sehen konnten. 1665 untersuchte der Engländer Robert Hooke Insekten und Pflanzen mit einem einfachen Mikroskop und entdeckte eine winzige Welt voller Einzelheiten. Um 1670 baute der Holländer Antonie van Leeuwenhoek ein besseres Mikroskop. Damit sah er als erster Mensch Bakterien, die er „Animalcules" nannte.

Zum Scharfstellen des Mikroskops wurde das Rohr hinauf- und hinuntergeschraubt.

Untersuchtes Objekt

Eine Wasserkugel konzentriert Licht.

Eine Linse bündelt das Licht.

Beleuchtung durch eine Öllampe

Hookes Mikroskop

HERZSCHLAG

Früher glaubten Ärzte, das Blut werde ständig in Leber und Herz produziert und in den Körper gepumpt, der es dann verbraucht. 1628 zeigte der englische Arzt William Harvey durch Experimente, dass jeder Mensch täglich 250 kg Blut herstellen müsste, wenn das wahr wäre! Er bewies, dass es im Körper eine feste Menge an Blut gibt, das vom Herzen weg durch die Arterien fließt und in den Venen zurücktransportiert wird.

Harveys Zeichnungen zeigen Klappen in den Venen, die das Zurückfließen des Bluts verhindern.

DIE EINFACHSTE ANTWORT

Ockhams Rasiermesser ist nach dem englischen Denker William von Ockham aus dem 14. Jh. benannt. Diese Regel soll Wissenschaftlern bei ihren Thesen helfen. Sie besagt, dass die einfachste Lösung wahrscheinlich die richtige ist. Als nach 1970 mysteriöse „Kornkreise" auftauchten, hielt man Wetterkapriolen oder gar UFOs für die Ursache. Nach Ockhams Rasiermesser ist jedoch die beste Erklärung, dass es sich um Streiche von Menschenhand handelte – wie sich später auch zeigte.

Neue Ordnung

Nur wenige Wissenschaftler machen Entdeckungen, die alles von Grund auf verändern wie Isaac Newton. Um 1680 stellte er mehrere Gesetze auf, um die Bewegung von Objekten zu erklären. Newtons berühmteste Leistung ist die Entdeckung der Schwerkraft, der Anziehungskraft zwischen Massen. Die Schwerkraft großer Körper wie der Erde ist viel stärker als die kleinerer wie eines Apfels. Newton beschrieb diese Kraft mithilfe mathematischer Berechnungen. Sie zeigten, dass ein fallender Apfel und der Mond in der Erdumlaufbahn sich nach denselben Gesetzen bewegen. Newtons Bewegungsgesetze boten neue Möglichkeiten, das Universum zu verstehen und zu erforschen.

Die Kugel trifft auf die Kugelreihe.

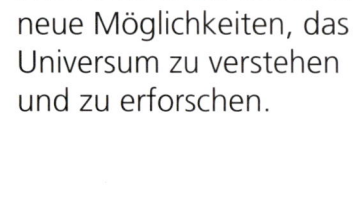

ERDVERBUNDEN

Newton soll das Prinzip der Schwerkraft entdeckt haben, als er einen Apfel vom Baum fallen sah. Er sagte, dass jedes Objekt eine Anziehungskraft ausübt. Die Erde zieht den Apfel an, dieser aber auch die Erde. Weil die Erde viel schwerer ist, hat sie auch eine stärkere Anziehungskraft. Daher fällt der Apfel zur Erde, aber die Erde bewegt sich kaum.

SCHWERELOS IM ALL

Warum sind Astronauten schwerelos? Newtons Gesetze besagen, dass die Schwerkraft der Erde mit zunehmender Entfernung schwächer wird, aber niemals Null beträgt. Sie hält die Raumstation auf der Erdumlaufbahn. Astronauten in der Raumstation sind schwerelos, weil sie mit ihr um die Erde kreisen – tatsächlich fallen sie dabei ständig in Richtung Erde. Sie trainieren für das Leben in der Schwerelosigkeit in einem speziellen Flugzeug, das für einige Minuten in den freien Fall übergeht. Genau wie im All ist dann alles in seinem Inneren schwerelos.

Fester Spiegel

Drehspiegel erfasst einen Himmelskörper.

Licht tritt durch Teleskop ein.

Okular

Der Arm zeigt Winkel an.

Griff

Der Winkel wird an der Skala abgelesen.

SICHT AUF DIE WELT

Seeleute maßen früher den Winkel von Sonne, Mond und Sternen über dem Horizont mit einem Sextanten. Mithilfe des Schiffsalmanachs (einer Tabellensammlung) ließ sich so der Breitengrad des Schiffs bestimmen, also seine Position nördlich oder südlich des Äquators. Seit etwa 1770 hatten Schiffe Almanache an Bord, die den höchsten Stand bestimmter Himmelskörper an jedem Tag voraussagten. Die Grundlagen zu den Bewegungen der Himmelskörper schufen Newton und andere Forscher.

LICHTGESCHWINDIGKEIT

Der dänische Astronom Ole Rømer maß 1676 mithilfe des Jupitermonds Io die Geschwindigkeit des Lichts. Newtons Bewegungsgesetze sagten Ios Bahn voraus. Rømer wusste genau, wann er hinter Jupiter wieder auftauchen würde. Doch der Mond erschien 10 Minuten zu spät – so lange dauerte es, bis sein Licht die Erde erreichte. Die Zeitspanne wurde länger, als die Erde sich von Jupiter entfernte. Rømer berechnete die Lichtgeschwindigkeit mit 220 000 km pro Sekunde – sein Wert lag nur 25 % unter dem tatsächlichen Wert.

DER LETZTE STOSS

Jedes Objekt hat einen Impuls, der sich aus Masse mal Geschwindigkeit errechnet. Je schwerer und schneller das Objekt, desto größer der Impuls. Ruhende Objekte dagegen haben einen Impuls von Null. Wenn eine Kugel in Bewegung auf eine ruhende trifft, hält sie an, aber der Impuls der ersten Kugel bleibt erhalten. Die Kraft der ersten Kugel drückt gegen die zweite und sie bewegt sich mit demselben Impuls. So funktioniert das Kugelstoßpendel. Der Impuls der schwingenden Kugel wird von allen anderen bis zur letzten weitergegeben, die in Bewegung versetzt wird.

Draht

Ruhende Kugeln übertragen den Impuls.

Die letzte Kugel schwingt aus.

Das Kugelstoßpendel demonstriert Newtons Gesetze.

ZEITALTER DER GENAUIGKEIT

Newtons Gesetze beschrieben das Universum wie ein Uhrwerk. Alles bewegt sich so, wie seine Prinzipien es vorhersagen. Konstrukteure konnten mithilfe präziser Kräfte und Massen immer genauere Mechanismen herstellen. Auch Uhren maßen mit schwingenden Pendeln sekundengenau die Zeit. Auf See war die Uhrzeit von großer Bedeutung, da die Sonnenaufgangszeit den Seeleuten ihren Längengrad (Ost-West-Position auf der Erde) verriet. Pendel funktionierten wegen der Wellenbewegungen auf Schiffen jedoch nicht. Um 1760 baute John Harrison erstmals Marinechronometer oder Schiffsuhren mit Federantrieb, die auch auf dem Meer die genaue Uhrzeit anzeigten.

Harrisons Chronometer

Astronauten üben in der Schwerelosigkeit eines Trainingsflugzeugs.

ZUM MOND UND ZURÜCK

Als der US-Präsident John F. Kennedy der NASA 1961 den Auftrag erteilte, vor dem Ende des Jahrzehnts Astronauten zum Mond zu bringen, blieb noch viel zu tun. Eine Aufgabe war jedoch schon erledigt – durch Isaac Newton. Dank seiner Gesetze der Schwerkraft und Bewegung wussten die NASA-Wissenschaftler genau, wie viel Kraft eine Rakete brauchte, um eine Raumkapsel auf den Weg zum Mond zu bringen. Die *Saturn V* war die kraftvollste Trägerrakete, die je gebaut wurde. Sie brachte zwischen 1969 und 1975 mehrere *Apollo*-Raumkapseln zum Mond. Seitdem sind keine größeren Flugkörper mehr ins All geflogen.

Wissenschaftliche Methoden

Moderne Wissenschaftler arbeiten mit wissenschaftlichen Methoden. Dabei stellen sie zuerst eine Frage. Dann sammeln sie Informationen, um zu einer möglichen Antwort zu gelangen. Diese mögliche Antwort, die Hypothese, wird dann in Experimenten überprüft. Die Experimente sind so aufgebaut, dass sie die Ergebnisse, die die Hypothese voraussagt, entweder bestätigen oder nicht. Ein unerwartetes Ergebnis bedeutet, dass die Hypothese falsch ist. Wissenschaftler veröffentlichen ihre Ergebnisse, um anderen ihre Entdeckungen mitzuteilen. Andere Wissenschaftler wiederholen dann das Experiment, um sicherzustellen, dass es korrekt durchgeführt wurde.

FRAGEN

Wissenschaftler stellen viele Fragen. Warum ist z. B. die Zunge des Blauzungenskinks blau? Diese Färbung zeigen nur wenige Tiere in freier Wildbahn und durch ihre restliche Körperfärbung ist die stämmige australische Echse in der Wüste perfekt getarnt. Biologen fanden heraus, dass der Skink mit seiner leuchtend gefärbten Zunge Feinde abschreckt.

Die Kamera beobachtet die Gegend um den Rover.

Die Antenne sendet Daten zur Erde.

Die Solarmodule gewinnen Energie aus dem Sonnenlicht.

IDEE

Die besten wissenschaftlichen Ideen können geradezu prophetische Kräfte entwickeln. Zwei Wissenschaftler stellten 1974 fest, dass Chemikalien in Sprühdosen und Kühlschränken (Fluorkohlenwasserstoffe, FCKW) mit einer Form des Sauerstoffs reagierten, dem Ozon. So kamen sie auf die Hypothese, dass FCKW die Ozonschicht in der Erdatmosphäre zerstören könnten. 1985 wurde ein gewaltiges Loch in der Ozonschicht entdeckt, das die Hypothese unterstützte. Heute sind FCKW verboten und die Ozonschicht wird geschont.

BEOBACHTUNG

Untersuchungen helfen beim Aufstellen von Hypothesen. Noch vor 100 Jahren glaubte man, dass der Mars von Kanälen durchzogen ist, die man für den Beweis einer alten Mars-Zivilisation hielt. Als das erste Raumfahrzeug 1976 auf dem Planeten landete, wurde deutlich, dass der Mars eine unbelebte Wüste ist. Spätere Marssonden fanden jedoch Hinweise, dass vor Jahrmilliarden einfache Lebensformen existiert haben könnten. Die neuesten Mars-Rover der NASA sammeln nun Informationen, um diese Hypothese zu überprüfen.

Das Pendel schwingt frei in einer senkrechten Ebene über der Scheibe.

Der Rover analysiert Bodenproben auf dem Mars.

EXPERIMENT

Wissenschaftler wissen seit Jahrhunderten, dass die Erde sich einmal in 24 Stunden um sich selbst dreht. So erklären sie, warum die Sonne jeden Tag auf- und untergeht. Kein Experiment hatte jedoch die Erddrehung je direkt bewiesen, bis der Physiker Léon Foucault 1851 in Paris dieses riesige Pendel aufhängte. Das Pendel schwingt in einer festen Ebene immer nur vor und zurück. Nachdem es mehrere Stunden über dieser Scheibe geschwungen hatte, schien das Foucaultsche Pendel sich jedoch im Uhrzeigersinn zu bewegen, tatsächlich hatte sich die Scheibe darunter gegen den Uhrzeigersinn gedreht. Die Scheibe bewegte sich mit der Erdrotation, während das Pendel in seiner festen Bahn weiterschwang. Damit war endlich bewiesen, dass die Erde sich dreht.

FORSCHUNGSERGEBNISSE

Jedes Experiment liefert Daten – eine Reihe von Messungen, Zahlen oder Mustern –, die analysiert werden müssen, um ihre Bedeutung zu erschließen. Dieser Wissenschaftler analysiert Daten, die die DNA eines Menschen (S. 50) als Streifenmuster darstellen. Menschen mit gleichem Muster tragen wahrscheinlich dasselbe Gen. Auf diese Weise fand man heraus, dass die meisten Menschen, die an einer bestimmten Knochenkrankheit leiden, ein Gen B27 besitzen. Die meisten Menschen mit diesem Gen bekommen die Krankheit jedoch nicht. Möglicherweise wird sie von einem anderen Gen in der Nähe von B27 verursacht – wer also das krank machende Gen trägt, der besitzt auch B27. Forscher untersuchen solche genetischen Muster, bis sie das auslösende Gen gefunden haben.

Analyse genetischer Daten

WIEDERHOLBARKEIT

Wissenschaftliche Experimente müssen wiederholbar sein, damit die Ergebnisse überprüft werden können. 1989 behaupteten zwei Wissenschaftler, sie hätten die „kalte Fusion" entdeckt, durch die sich mit einem solchen Apparat Kernenergie erzeugen lässt. Doch andere Wissenschaftler fanden heraus, dass die Behauptung unwahr war.

WISSEN TEILEN

Wissenschaftler veröffentlichen ihre Entdeckungen. Kollegen prüfen ihre Arbeit und sagen, warum sie mit den Ergebnissen nicht einverstanden sind. Andere stimmen zu, entwickeln und testen mit den Daten eigene Thesen. Manchmal sorgt auch die Wissenschaft für Schlagzeilen. Während des Biosphäre-2-Experiments 1991 konnten Fotografen die Wissenschaftler beobachten, wie sie sich für zwei Jahre in einem riesigen Treibhaus selbst versorgten.

INSPIRATION

Wissenschaftler lassen sich oft von den Entdeckungen anderer inspirieren. 2010 befand der Biologe Craig Venter, der Mensch verstehe nun so gut, wie Gene Organismen steuern, dass er eine künstliche Lebensform erschaffen könnte. Dazu entfernte er die natürlichen Gene einer Bakterie, stellte eine Reihe künstlicher Gene zusammen und pflanzte sie dem Organismus ein. Die veränderten Bakterien lebten und vermehrten sich ganz normal. Sie ähneln den hier abgebildeten *Mycoplasma*-Bakterien.

Markierungen zeigen den Winkel an, um den die Schwingungsebene rotiert.

Die Pendelscheibe rotiert auf der nördlichen Halbkugel gegen den Uhrzeigersinn.

Viele Elemente

Quecksilber ist als einziges Metall bei Raumtemperatur flüssig.

Alles im Universum besteht aus Kombinationen verschiedener Elemente. Ein Element ist eine Substanz, die sich nicht in einfachere Bestandteile zerlegen lässt. Manche sind schon seit Jahrhunderten bekannt, wie zum Beispiel Eisen und Kupfer. Sie wurden schon im Altertum verarbeitet, aber erst im 17. Jahrhundert als Elemente erkannt. Die erste belegte Entdeckung eines Elements erfolgte durch den deutschen Alchemisten Hennig Brandt, der 1669 einige Stunden lang Urin einkochte. Dabei entstand ein weißes Pulver und Brandt stellte erstaunt fest, dass es im Dunkeln leuchtete. Er nannte die Substanz Phosphor nach dem griechischen Wort für „Lichtträger".

Kupfer wurde als Element schon vor rund 9000 Jahren gewonnen.

Phosphor kommt in roten und weißen Varianten vor.

Weißes Zink wird mit rötlichem Kupfer zu goldenem Messing.

METALLE
Drei Viertel aller rund 90 Elemente im Universum sind Metalle. Die harten, schweren Feststoffe glänzen nach dem Polieren häufig. Metalle brechen kaum, lassen sich aber in viele Formen hämmern und biegen und sind daher äußerst nützliche Materialien. Einige Metalle wie Gold kommen in der Natur in Reinform vor. Sie sind auch nach Jahrhunderten noch rein – einer der Gründe, warum Gold so wertvoll ist.

VERSCHIEDENE ELEMENTE
Auf der Erde kommen 94 Elemente natürlich vor, während einige weitere im Labor entstanden sind. Jedes Element hat ganz bestimmte einzigartige Merkmale. Die meisten natürlichen Elemente sind fest und nur wenige sind gasförmig. Nur Quecksilber und Brom sind bei Raumtemperatur flüssig.

HALBMETALLE
Es gibt 7 Halbmetalle, deren Eigenschaften zwischen den Metallen und den Nichtmetallen liegen. Halbmetalle sind Festkörper und glänzen wie Metalle, sie sind aber weich und brüchig wie Nichtmetalle. Das häufigste Nichtmetall ist Silizium, ein Bestandteil des Sands und vieler Gesteinsarten. Die Mikrochips in Computern bestehen aus einer Mischung aus Silizium und anderen Elementen wie Aluminium.

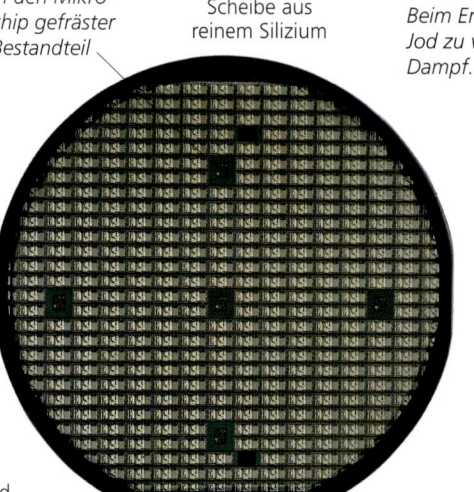

In den Mikrochip gefräster Bestandteil

Scheibe aus reinem Silizium

Beim Erhitzen wird Jod zu violettem Dampf.

Festes Jod

HALOGENE

Chemiker teilen die Elemente nach ihren Eigenschaften in Gruppen ein. Halogene gehören zu einer Gruppe meist gasförmiger Nichtmetalle. Das keimtötende Fluorid in der Zahnpasta wird aus dem gasförmigen Halogen Fluor hergestellt. Viele Reinigungsmittel enthalten Chlor, das man auch in Schwimmbädern riechen kann. Brom ist das einzige flüssige Nichtmetall und macht Materialien feuerfest. Jod wird zum Desinfizieren von Wunden benutzt und ist in der Nahrung wichtig für unsere Gesundheit.

Flüssiges Brom wird beim Erhitzen zu orangefarbenem Gas.

EDELGASE

Im 19. Jh. entdeckten Chemiker, dass eine Gruppe von Elementen fehlte. Schließlich fand man die fünf Gase Helium, Neon, Argon, Krypton und Xenon. Diese Elemente nannte man Edelgase, weil sie stets in Reinform vorkamen und fast nie mit anderen Elementen reagierten. Deshalb wusste niemand, dass es sie überhaupt gab. Edelgase werden in Leuchtstoffröhren verwendet, die man auch Neonröhren nennt. Luftschiffe sind mit dem extrem leichten Gas Helium gefüllt.

PERIODENSYSTEM

Die Elemente werden im Periodensystem (S. 64) geordnet, das der russische Chemiker Dmitri Mendelejew entwickelte. Er wusste, dass jedes Element ein bestimmtes Gewicht hat. Mendelejew beschloss 1869, dieses Wissen mit dem ähnlichen Verhalten bestimmter Elemente zu kombinieren. Seine Tabelle ordnet die Elemente in Spalten (Gruppen) und Zeilen (Perioden). Chemiker können daraus ablesen, wie sie miteinander reagieren. Seine Tabelle war so genau, dass er damit die Eigenschaften des Galliums vorhersagen konnte, das erst sechs Jahre später entdeckt wurde!

Bei niedrigen Temperaturen erstarrt Brom zu einem braunen Feststoff.

Bei Raumtemperatur ist Brom flüssig.

Fortsetzung auf Seite 22

Fortsetzung von Seite 21

BRENNENDES GAS

Wasserstoff ist das häufigste Element im Universum und macht drei Viertel der gesamten Materie aus. Wenn Astronomen ins All blicken, sehen sie hauptsächlich große brennende Wasserstoffkugeln – die Sterne. Neue Sterne entstehen aus gewaltigen Wasserstoffwolken. Wasserstoff findet sich aber auch auf der Erde, wo er zusammen mit Sauerstoff Wasser bildet.

Säulenförmige Wasserstoffwolken im Adlernebel

Ein Bergsteiger atmet über seine Maske Sauerstoff, weil dieser in der Höhe knapp ist.

Sauerstoffflasche im Rucksack

LEBENSELIXIER

Alle Tiere und Pflanzen brauchen Sauerstoff zum Leben. Sauerstoff ist ein Gas, das Menschen und Landtiere mit der Luft einatmen. Nur etwa ein Fünftel der Luft besteht aus reinem Sauerstoff (den Rest stellt überwiegend Stickstoff dar). Die Menge reicht aber normalerweise, um den Körper zu versorgen. Bergsteiger jedoch müssen wegen der dünnen Höhenluft einen Sauerstoffvorrat mitnehmen. Wesentlich mehr Sauerstoff ist im Wasser und im Gestein der Erde gebunden. Er allein macht fast die Hälfte des Gewichts der Erdkruste aus! Nur Eisen ist auf der Erde noch häufiger. Es befindet sich zum Großteil in ihrem Metallkern.

EIN UND DASSELBE

Elemente bleiben unverändert, auch nachdem sie mit anderen Elementen verbunden oder von ihnen abgespalten wurden. Sie sind unabhängig von einer Verbindung immer gleich. Dieser Meteorit ist der Überrest eines Planetoiden, der auf der Erde einschlug. Die gelben Kristalle bestehen aus magnesiumhaltigem Olivin und sind in einem Eisen-Nickel-Gemisch eingebettet. In solchen Proben aus dem All finden sich dieselben Mineralien und Elemente wie auf der Erde. Die meisten Meteorite enthalten große Mengen an Elementen, die auf der Erde sehr selten sind, wie z. B. Iridium.

Meteorit

Rote Zinnober-kristalle

Unerwünschtes Gestein

MINERALIEN UND ERZE

Nur wenige Elemente kommen natürlich in Reinform vor. Die meisten sind Bestandteile komplexerer Substanzen, die erst aufbereitet werden müssen. Meist werden Elemente aus Gesteinsmineralien gewonnen, die bei Metallen Erze heißen. Dieser rote Stein enthält Zinnober, ein Quecksilbererz. Das Quecksilber lässt sich leicht gewinnen – der Stein wird zerkleinert und dann erhitzt. Für die Gewinnung der meisten anderen Elemente braucht man neben Wärme Elektrizität oder chemische Reaktionen – oder eine Kombination aus beidem.

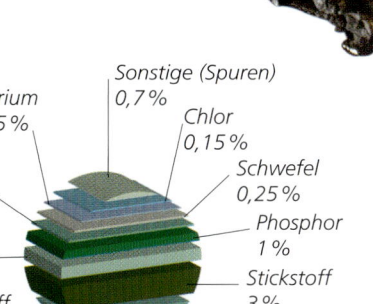

Sonstige (Spuren) 0,7 %

Natrium 0,15 %

Chlor 0,15 %

Kalium 0,25 %

Schwefel 0,25 %

Kalzium 1,5 %

Phosphor 1 %

Stickstoff 3 %

Wasserstoff 10 %

Kohlenstoff 18 %

Sauerstoff 65 %

MENSCHLICHE ELEMENTE

Der menschliche Körper enthält mehr als 50 Elemente. Zu zwei Dritteln besteht er aus Wasser, daher gehören Wasserstoff und Sauerstoff zu den häufigsten Elementen im Körper. Eiweiße, Zucker und Fette enthalten Kohlenstoff, das zweithäufigste Element. Eiweiße bestehen außerdem aus Stickstoff und Phosphor, während Kalzium die Knochen härtet. Diese sechs Elemente stellen 99 % des Körpergewichts eines Menschen dar, aber der Körper funktioniert nicht ohne Spuren Dutzender anderer Elemente.

SYNTHETISCHE ELEMENTE

Im Labor lassen sich neue Elemente herstellen. Einige gab es früher schon auf der Erde, sie sind jedoch instabil und gehen schnell in stabilere Elemente über. Als erstes synthetisches (künstliches) Element wurde 1936 Technetium hergestellt. Einige seiner Formen zerfallen schnell und setzen dabei Gammastrahlung frei (S. 26). Ärzte injizieren einem Patienten winzige Mengen Technetium und machen mithilfe der Strahlung schwer erkennbare Organe sichtbar.

IMMER GUT ABWÄGEN

Chemiker fanden heraus, dass Elemente sich immer in festen Mengen verbinden. Wasser besteht immer aus zwei Teilen Wasserstoff und einem Teil Sauerstoff. Um 1800 erklärte John Dalton das anhand einer Theorie der alten Griechen. Danach werden Gewicht und andere Eigenschaften der Elemente den winzigen Atomen zugeordnet, aus denen sie bestehen. Leichte Elemente wie Wasserstoff bestehen aus kleinen Atomen, schwere dagegen wie Blei aus größeren. Spätere Forschungen gaben ihm recht.

Atome von innen

Elemente bestehen aus unsichtbaren Teilchen, den Atomen. Diese Vorstellung äußerte erstmals der griechische Philosoph Demokrit vor 2400 Jahren. Er vertrat auch die Auffassung, dass raue Atome aneinander hängenbleiben, glatte dagegen nicht. Wissenschaftler fanden heraus, dass die Atome einiger Elemente schwerer sind als die anderer. Atome verschiedener Elemente verbinden sich zu neuen Substanzen wie Wasser. Im 20. Jahrhundert fand man heraus, dass Atome aus noch kleineren Teilchen bestehen: Protonen, Neutronen und Elektronen. Diese Entdeckung zeigte, wie Atome tatsächlich aufgebaut sind.

Der Magnet erzeugt ein Magnetfeld.

Strahlen werden abgegeben.

Kathodenstrahlen werden abgelenkt.

ABGELENKTE STRAHLEN

J. J. Thomson experimentierte 1897 mit Kathodenstrahlen. Sie entstehen, wenn Strom durch eine fast luftleere Röhre fließt. Thomson fand heraus, dass er die Strahlen mit Elektrizität und Magneten ablenken konnte. Er schloss daraus, dass die Strahlen kleine, leichte Teilchen aus dem Inneren der Atome enthalten müssen. Später wurden Thomsons Teilchen Elektronen genannt.

IM INNEREN EINES ATOMS

Elektronen sind negativ geladen. Man wusste schon, dass die Ladung (S. 40) durch eine positive Ladung im Atominneren ausgeglichen werden muss, denn Atome sind neutral (weder positiv noch negativ). Gegensätzliche Ladungen ziehen sich an, gleiche dagegen stoßen sich ab. Von den positiv geladenen Alphateilchen wusste man nicht, ob sie aus Atomen stammen. Ernest Rutherford entdeckte 1909 die positiv geladenen Teilchen des Atoms, nachdem er eine Goldfolie mit Alphateilchen beschoss. Fast alle gingen hindurch und nur wenige wurden abgelenkt. Rutherford erkannte, dass sie von einem winzigen, positiv geladenen Kern im Zentrum des Atoms abgestoßen wurden. Diese geladenen Teilchen des Kerns nannte er Protonen.

Die meisten Teilchen durchdringen die Folie.

Dünne Goldfolie

Einige Teilchen prallen ab.

Einige Teilchen werden abgelenkt.

Ein Zinksulfidschirm leuchtet beim Auftreffen von Alphateilchen.

Alphateilchenstrahl

Alphateilchenquelle

Ernest Rutherfords Streuungsexperiment

LEERER RAUM

Obwohl Atome winzig sind – 10 Mio. Wasserstoffatome nebeneinander sind weniger als 1 mm breit –, bestehen sie zum größten Teil aus leerem Raum. Ihr Kern ist 10 000-mal kleiner als das ganze Atom. Wenn ein Atom so groß wäre wie das Kolosseum in Rom, wäre der Kern so groß wie eine Erbse. Elektronen sind negativ geladen und kreisen um den Atomkern. Sie werden vom positiv geladenen Kern auf ihren Bahnen gehalten. Elektronen haben 1600-mal weniger Masse als Protonen, deshalb bestimmen nur die Protonen zusammen mit den Neutronen die Masse eines Atoms.

Kolosseum

Geschmolzenes Eisen wird gewalzt.

FORMBARE METALLE

Elektronen sind auf kugelförmigen Schalen um den Atomkern herum angeordnet. Metallatome haben auf der äußersten Schale nur wenige Elektronen. Sie bilden ein Elektronengas, das die Atomkerne zusammenhält und Strom und Wärme gut leitet. Durch diese metallische Bindung des Elektronengases lassen sich alle Metalle gut walzen und verformen.

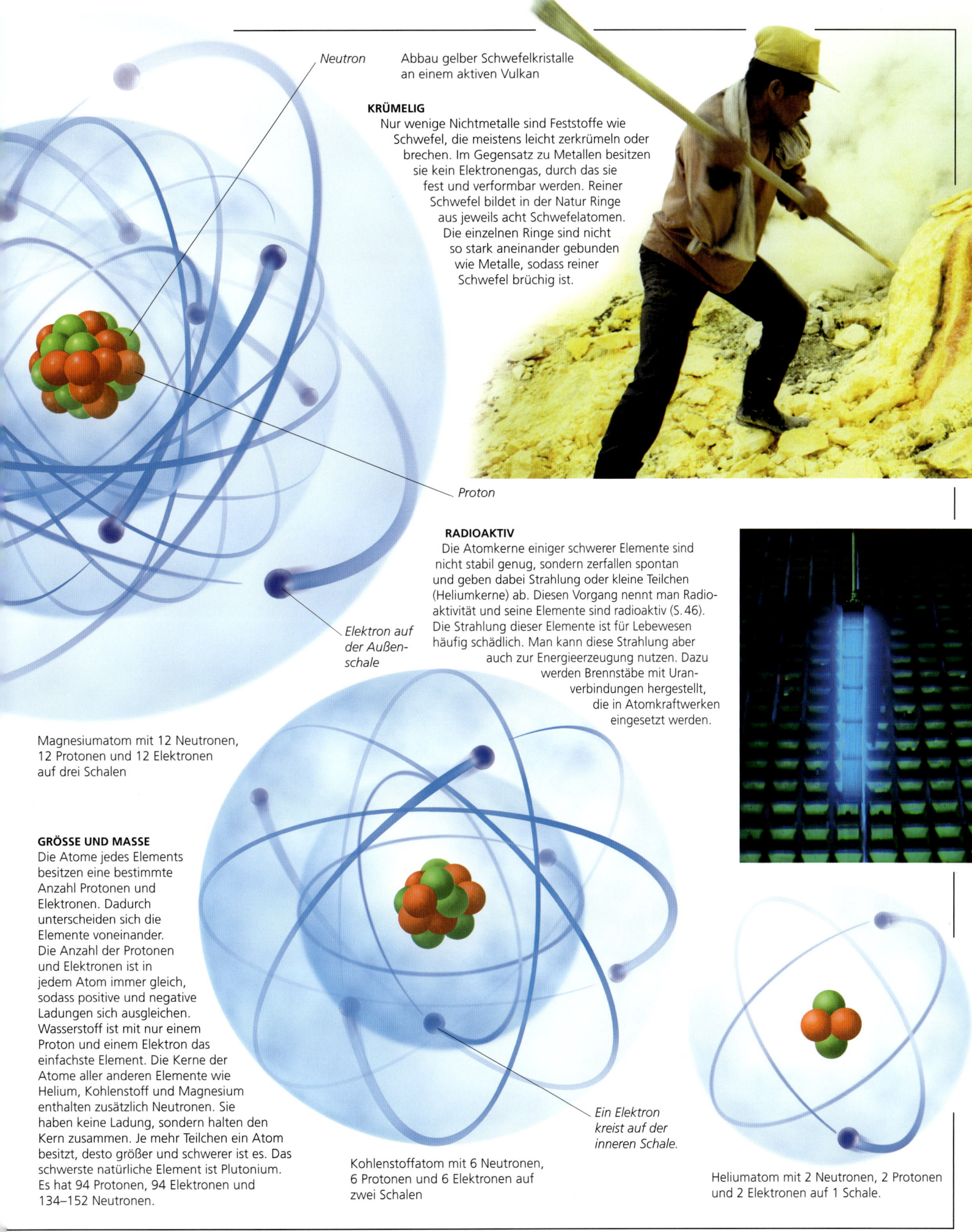

Neutron

Abbau gelber Schwefelkristalle an einem aktiven Vulkan

KRÜMELIG
Nur wenige Nichtmetalle sind Feststoffe wie Schwefel, die meistens leicht zerkrümeln oder brechen. Im Gegensatz zu Metallen besitzen sie kein Elektronengas, durch das sie fest und verformbar werden. Reiner Schwefel bildet in der Natur Ringe aus jeweils acht Schwefelatomen. Die einzelnen Ringe sind nicht so stark aneinander gebunden wie Metalle, sodass reiner Schwefel brüchig ist.

Proton

RADIOAKTIV
Die Atomkerne einiger schwerer Elemente sind nicht stabil genug, sondern zerfallen spontan und geben dabei Strahlung oder kleine Teilchen (Heliumkerne) ab. Diesen Vorgang nennt man Radioaktivität und seine Elemente sind radioaktiv (S. 46). Die Strahlung dieser Elemente ist für Lebewesen häufig schädlich. Man kann diese Strahlung aber auch zur Energieerzeugung nutzen. Dazu werden Brennstäbe mit Uranverbindungen hergestellt, die in Atomkraftwerken eingesetzt werden.

Elektron auf der Außenschale

Magnesiumatom mit 12 Neutronen, 12 Protonen und 12 Elektronen auf drei Schalen

GRÖSSE UND MASSE
Die Atome jedes Elements besitzen eine bestimmte Anzahl Protonen und Elektronen. Dadurch unterscheiden sich die Elemente voneinander. Die Anzahl der Protonen und Elektronen ist in jedem Atom immer gleich, sodass positive und negative Ladungen sich ausgleichen. Wasserstoff ist mit nur einem Proton und einem Elektron das einfachste Element. Die Kerne der Atome aller anderen Elemente wie Helium, Kohlenstoff und Magnesium enthalten zusätzlich Neutronen. Sie haben keine Ladung, sondern halten den Kern zusammen. Je mehr Teilchen ein Atom besitzt, desto größer und schwerer ist es. Das schwerste natürliche Element ist Plutonium. Es hat 94 Protonen, 94 Elektronen und 134–152 Neutronen.

Ein Elektron kreist auf der inneren Schale.

Kohlenstoffatom mit 6 Neutronen, 6 Protonen und 6 Elektronen auf zwei Schalen

Heliumatom mit 2 Neutronen, 2 Protonen und 2 Elektronen auf 1 Schale.

Radiowellen	Mikrowellen	Infrarot (Wärme)	Ultraviolett	Röntgenstrahlen	Gammastrahlen

Sichtbares
Licht

Elektromagnetisches Spektrum –
Reihenfolge aller Formen elektro-
magnetischer Strahlung

WELLEN

Elektromagnetische Wellen bewegen sich
mit Lichtgeschwindigkeit, sie besitzen aber
je nach Wellenlänge mehr oder weniger
Energie. Die Wellenlänge ist der Abstand
zwischen dem Scheitelpunkt einer Welle
und dem Scheitelpunkt der nächsten.
Energiearme Radiowellen können 10 m
und länger sein, während Gammastrahlen
am anderen Ende des Spektrums so
viel Energie enthalten, dass in 1 mm
Milliarden Wellen
Platz haben!

Wellen

Eine der großen Entdeckungen des 20. Jahrhunderts war, wie Atome
Licht, Wärme und andere unsichtbare Strahlung erzeugen. Die Elek-
tronen in der Atomhülle sind beweglich und jedes Elektron kann Energie
aufnehmen oder abgeben. Ein Elektron entfernt sich vom Kern, wenn es
Energie aufnimmt, und gibt Energie ab, wenn es seinen ursprünglichen
Platz wieder einnimmt. Diese Energie pflanzt sich als elektromagnetische
Strahlung fort. Die bekanntesten Strahlen sind das sichtbare Licht und
die fühlbare Wärme. Es gibt aber auch unsichtbare elektromagnetische
Strahlung wie ultraviolette Strahlen, Röntgenstrahlen und Radiowellen.

FREISETZUNG VON ENERGIE

Die Wärme und das Licht dieses Feuers
werden von Atomen im Inneren des
brennenden Holzes freigesetzt. Die Verbrennung ist eine chemische Reaktion, bei
der sich Sauerstoff mit den Substanzen
im Holz verbindet (S. 37). Während
Holzatome mit Sauerstoffatomen neue
Verbindungen eingehen, verlieren
sie Energie und werden stabiler.
Die verlorene Energie
wird als Strahlung
freigesetzt.

KALTES LICHT

Glühlampen und Flammen
produzieren Licht und Wärme.
Einige Tiere können jedoch Licht
erzeugen, ohne dass dabei Wärme
entsteht. Tiefseekreaturen wie diese
Qualle leben in dunklen Gewässern und
nutzen das Licht, das ihr Körper ausstrahlt,
um Partner oder Beute anzulocken. Das
Leuchten entsteht durch bestimmte Licht erzeu-
gende Substanzen, die in besonderen Organen mit
Sauerstoff reagieren. Diese Reaktion setzt Strahlung
als „kaltes" Licht frei. Würde dabei Wärme enstehen,
könnte diese das Tier bei lebendigem Leib kochen!

——— *Das Prisma bricht
den weißen Lichtstrahl.*

*Weißes Licht ist
eine Mischung
unterschiedlicher
Wellenlängen.*

*Weißes Licht
wird in seine
einzelnen
Wellenlängen
aufgespalten
und bildet ein
Farbspektrum.*

LICHTBRECHUNG

Fällt ein weißer Lichtstrahl auf ein Prisma, tritt er
auf der anderen Seite in den Regenbogenfarben
wieder heraus. Weißes Licht besteht aus Wellen
unterschiedlicher Länge. Augen und Gehirn können
diese Wellenlängen unterscheiden und nehmen sie
als einzelne Farben wahr. Rotes Licht hat die größte
Wellenlänge und violettes die kleinste. Isaac Newton
beschrieb die Farben als „Spektrum". Mit diesem
Begriff wird heute die gesamte elektromagnetische
Strahlung beschrieben. Newtons Spektrum bezieht
sich auf den sichtbaren Teil des elektromagnetischen
Spektrums und besteht aus den Farben von Rot bis
Violett. Wenn Wellen unterschiedlicher Länge sich
mischen, erzeugen sie weißes Licht.

DAS DRAHTLOSE ZEITALTER

Der italienische Physiker Guglielmo Marconi zeigte 1901, dass sich
Radiowellen über Tausende Kilometer fortpflanzen können. Hier
errichten Marconi und sein Team eine Radioantenne zum Empfang
von Radiosignalen. Radiowellen enthalten zwar nur wenig Energie,
sie sind aber sehr nützlich. Ein Radiosignal übermittelt Informationen
durch Änderung der Amplitude – der Wellenhöhe – oder der
Wellenlänge. Diese Änderungen nennt man Amplitudenmodulation
(AM) oder Frequenzmodulation (FM). Heute übermitteln Radiowellen Signale an Handys, Fernsehgeräte oder sogar Raumsonden.

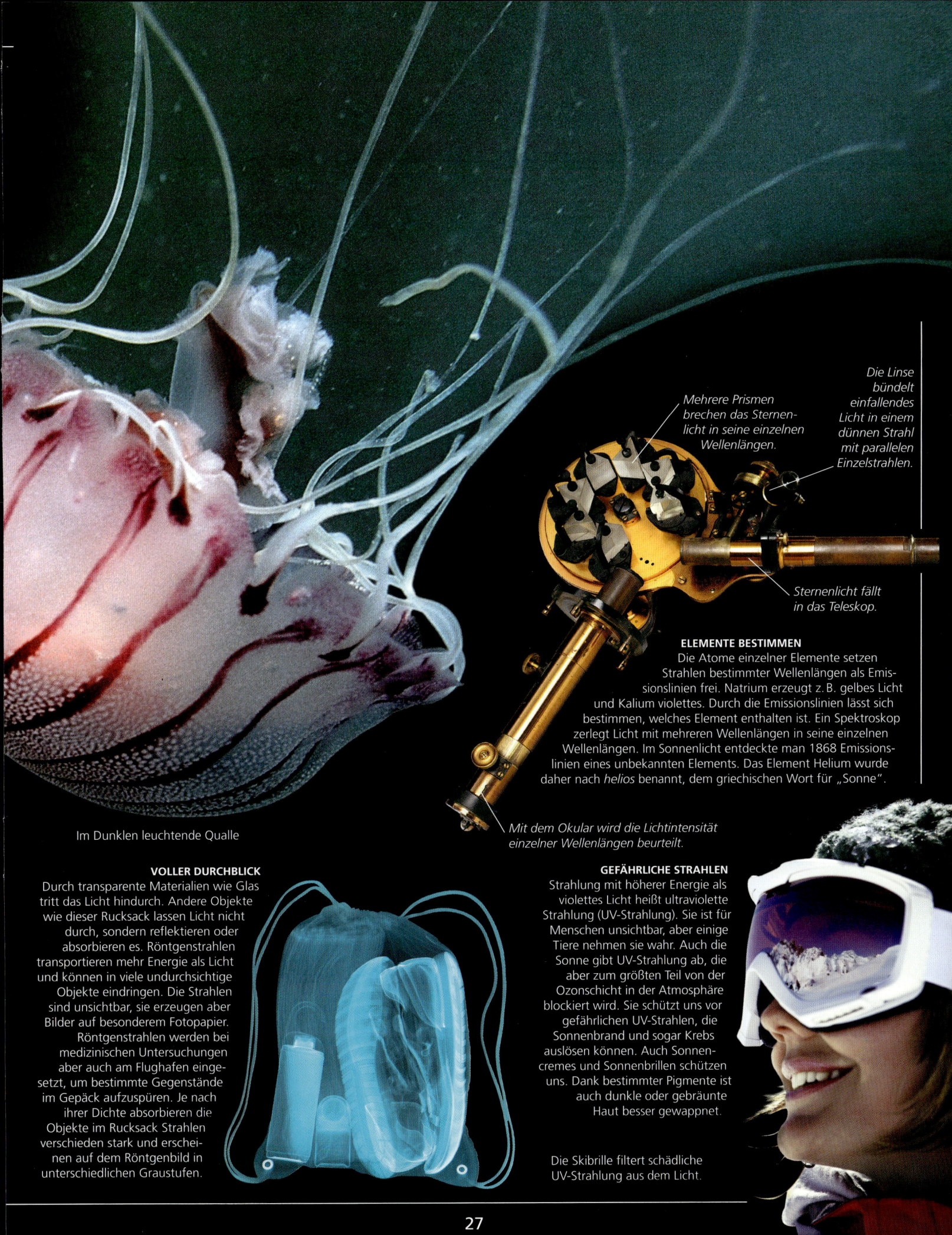

Im Dunklen leuchtende Qualle

Mehrere Prismen brechen das Sternen-licht in seine einzelnen Wellenlängen.

Die Linse bündelt einfallendes Licht in einem dünnen Strahl mit parallelen Einzelstrahlen.

Sternenlicht fällt in das Teleskop.

ELEMENTE BESTIMMEN

Die Atome einzelner Elemente setzen Strahlen bestimmter Wellenlängen als Emis-sionslinien frei. Natrium erzeugt z. B. gelbes Licht und Kalium violettes. Durch die Emissionslinien lässt sich bestimmen, welches Element enthalten ist. Ein Spektroskop zerlegt Licht mit mehreren Wellenlängen in seine einzelnen Wellenlängen. Im Sonnenlicht entdeckte man 1868 Emissions-linien eines unbekannten Elements. Das Element Helium wurde daher nach *helios* benannt, dem griechischen Wort für „Sonne".

Mit dem Okular wird die Lichtintensität einzelner Wellenlängen beurteilt.

VOLLER DURCHBLICK

Durch transparente Materialien wie Glas tritt das Licht hindurch. Andere Objekte wie dieser Rucksack lassen Licht nicht durch, sondern reflektieren oder absorbieren es. Röntgenstrahlen transportieren mehr Energie als Licht und können in viele undurchsichtige Objekte eindringen. Die Strahlen sind unsichtbar, sie erzeugen aber Bilder auf besonderem Fotopapier. Röntgenstrahlen werden bei medizinischen Untersuchungen aber auch am Flughafen einge-setzt, um bestimmte Gegenstände im Gepäck aufzuspüren. Je nach ihrer Dichte absorbieren die Objekte im Rucksack Strahlen verschieden stark und erschei-nen auf dem Röntgenbild in unterschiedlichen Graustufen.

GEFÄHRLICHE STRAHLEN

Strahlung mit höherer Energie als violettes Licht heißt ultraviolette Strahlung (UV-Strahlung). Sie ist für Menschen unsichtbar, aber einige Tiere nehmen sie wahr. Auch die Sonne gibt UV-Strahlung ab, die aber zum größten Teil von der Ozonschicht in der Atmosphäre blockiert wird. Sie schützt uns vor gefährlichen UV-Strahlen, die Sonnenbrand und sogar Krebs auslösen können. Auch Sonnen-cremes und Sonnenbrillen schützen uns. Dank bestimmter Pigmente ist auch dunkle oder gebräunte Haut besser gewappnet.

Die Skibrille filtert schädliche UV-Strahlung aus dem Licht.

Lichtstrahlen

Die Wissenschaft des sichtbaren Lichts ist ein Teilgebiet der Optik. Licht unterscheidet sich von anderen elektromagnetischen Strahlungen dadurch, dass es von Menschen und Tieren wahrgenommen wird. Substanzen im Auge reagieren auf verschiedene Wellenlängen im Licht, die Objekte in unserer Umgebung zurückwerfen. Die Augen sammeln diese Informationen mit Sensoren und leiten sie an das Gehirn weiter, das sie in Bilder umwandelt. Die Optik beschäftigt sich auch damit, wie Licht und verschiedene Materialien sich gegenseitig beeinflussen. Diese Erkenntnisse sind auch in der Technologie nützlich. Hochleistungskabel übertragen Daten als Lichtbündel über transparente Glasfasern und ein DVD-Player liest eine DVD anhand der Art, wie sie einen Laserstrahl reflektiert.

VERSCHOBENES BILD
Manchmal spielt das Licht unseren Augen einen Streich. Beim Übergang zwischen verschiedenen Medien wie Luft und Wasser ändert es leicht seine Richtung. Diese Eigenschaft des Lichts heißt Brechung (Refraktion). Wegen dieser Verschiebung scheint das Licht, das diese Füße zurückwerfen, von weiter rechts zu kommen. Daher erscheinen die Füße versetzt.

ZURÜCKGEWORFEN
Wir alle kennen Spiegelungen (Reflexionen). Sie entstehen, wenn ein Lichtstrahl von der Oberfläche eines Objekts zurückgeworfen wird. Das reflektierte Licht erzeugt ein Bild des Objekts in unseren Augen – ein reales Bild. Hat das Objekt eine glatte Oberfläche, wie z.B. ein Spiegel, strahlt jeder Lichtstrahl in derselben Richtung zurück und erzeugt ein Abbild der Stelle, von der das Licht ursprünglich kam. Das Spiegelbild scheint von einer Stelle hinter dem Spiegel zu kommen. Es erscheint immer spiegelverkehrt und in derselben Entfernung wie das reflektierte Objekt. Dieses Bild nennt man virtuell. Die Skulptur in diesem Bild ist ein reales Bild, die Silhouette von Chicago darauf dagegen ein virtuelles.

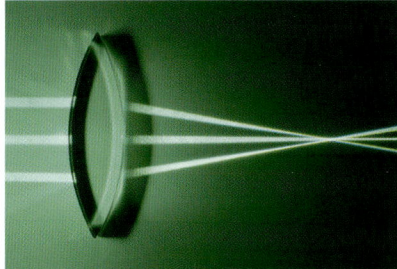

Eine konvexe Linse bündelt Lichtstrahlen.

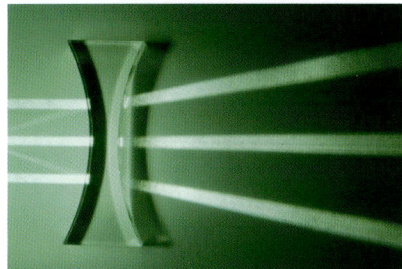

Eine konkave Linse streut Lichtstrahlen.

GEBEUGTES LICHT

Eine Linse bricht das Licht, das durch sie fällt. Ihre gewölbte Oberfläche lässt das Licht jedoch in unterschiedlichen Winkeln brechen. Konvexe Linsen beugen Lichtstrahlen so, dass sie in einem Punkt zusammenlaufen. Konkave Linsen dagegen streuen das Licht. Durch eine konkave Linse wirken Objekte näher bzw. größer als in Wirklichkeit, weil das reflektierte Licht hinter der Linse einen größeren Bereich ausfüllt.

Weißes Licht besteht aus allen Farben.

Eine schwarze Kugel absorbiert alles Licht.

Nur rotes Licht wird reflektiert.

Eine rote Kugel absorbiert alle Lichtfarben außer Rot.

Eine weiße Kugel reflektiert alles und absorbiert kein Licht.

FARBSPIELE

Ein Objekt erscheint farbig, weil es das darauffallende Licht auf eine bestimmte Art reflektiert. Das Sonnenlicht besteht aus allen Farben, die zusammen strahlend weißes Licht ergeben. Eine weiße Kugel erscheint weiß, weil sie jede Farbe des auftreffenden Lichts reflektiert. Eine schwarze Kugel dagegen reflektiert kein Licht, sondern absorbiert es. Ein farbiges Objekt wie eine rote Kugel reflektiert nur seine eigene Farbe, die eine bestimmte Wellenlänge besitzt (S. 26–27). Alle anderen Farben werden absorbiert.

LASERSTRAHL

Natürliches Licht ist ein Gemisch aus Wellen unterschiedlicher Wellenlänge, die in verschiedene Richtungen verlaufen. Laserlicht ist genau das Gegenteil. Ein Laserstrahl besteht normalerweise aus Licht einer Farbe mit exakt parallelen Wellen. Die Wellen verlaufen gleichmäßig und im selben Takt und verhalten sich alle genau gleich. Deshalb erzeugt Laserlicht gerade Strahlen, die in so einer spektakulären Lasershow präzise reflektiert und gebrochen werden. Aber Laserlicht dient nicht nur der Unterhaltung. Es kommt auch in Strichcodelesern, in der Chirurgie und in Schneidgeräten zum Einsatz. Man lässt es sogar vom Mond zurückwerfen, um seine genaue Entfernung zur Erde zu bestimmen.

Chicagos Wolkenkratzer werden von der gewölbten Spiegelfläche einer Skulptur reflektiert.

BLAUER HIMMEL

Die Luft ist farblos, doch der Himmel erscheint blau. Auf dem Weg zur Erde trifft ein Teil des Sonnenlichts auf Moleküle in der Atmosphäre und wird in alle Richtungen gestreut. Die Farbe Blau wird dabei stärker gestreut als die anderen Farben im Sonnenlicht. Wenn man nach oben blickt, sieht man überwiegend das blaue Licht, das über den Himmel gestreut wird.

Fallschirmspringer vor blauem Himmel

Schall

Schallwellen sind unsichtbare Schwingungen, die sich durch Luft, Wasser und andere Materialien fortpflanzen. Unsere Ohren nehmen diese Schwingungen auf. Wie Lichtwellen können auch Schallwellen reflektiert werden und sie besitzen ebenfalls bestimmte Wellenlängen. Tiefe Töne haben lange Wellen und kurzwellige Vibrationen hören wir als hohes Piepen. Schall wird außerdem auch durch seine Frequenz beschrieben. Diese gibt an, wie viele Wellenlängen die Schallwelle in einer Sekunde durchläuft. Langwelliger Schall hat eine niedrige Frequenz und kurzwelliger eine hohe. Anders als Licht und Wärme braucht Schall ein Medium (eine Trägersubstanz) wie Luft, Wasser oder sogar Gestein. Im All ist es still, da sich die Schallwellen ohne Medium nicht fortpflanzen können.

Ein Düsenjäger durchbricht die Schallmauer.

Dickere Saiten erzeugen tiefere Töne.

Schall tritt durch das Loch aus.

MUSIK IN UNSEREN OHREN

Schall entsteht als Luftverwirbelung und pflanzt sich wellenförmig in alle Richtungen fort. Die meisten Geräusche sind ein Gemisch vieler Frequenzen und klingen raschelnd oder dumpf. Musikinstrumente erzeugen reine Töne mit einer einzigen Frequenz. Streicht man mit dem Bogen über die Saiten einer Violine, überträgt sich die entstehende Schwingung auf die Luft im Resonanzkörper. Dieser schwingt in derselben Frequenz wie die Luft. Die neuen Schallwellen treten durch die geschwungenen Löcher aus.

Bogen aus Pferdehaar

Der Krug hat über 1 m Durchmesser.

ERDBEBENSENSOR

Schwingungen (Vibrationen) im Erdinneren heißen seismische Wellen. Starke Bewegungen des Gesteins in der Erdkruste erzeugen kräftige Wellen, die beim Erreichen der Oberfläche Erdbeben verursachen. Wissenschaftler zeichnen die seismischen Wellen auf, um die Vorgänge unter der Erde zu überwachen. Der chinesische Erfinder Zhang Heng baute 132 diesen Sensor, um die schwachen seismischen Wellen aufzufangen, die einem Erdbeben vorausgehen. Ein Pendel im Inneren des Krugs ist mit den Kugeln in den Drachenmäulern verbunden. Versetzen seismische Wellen das Pendel in Schwingung, fällt eine Kugel ins Maul der Kröte, aus deren Richtung das Erdbeben kommt.

Im Drachenmaul sitzt eine Kugel.

Die Kugel fällt ins Maul der Kröte, aus deren Richtung das Erdbeben kommt.

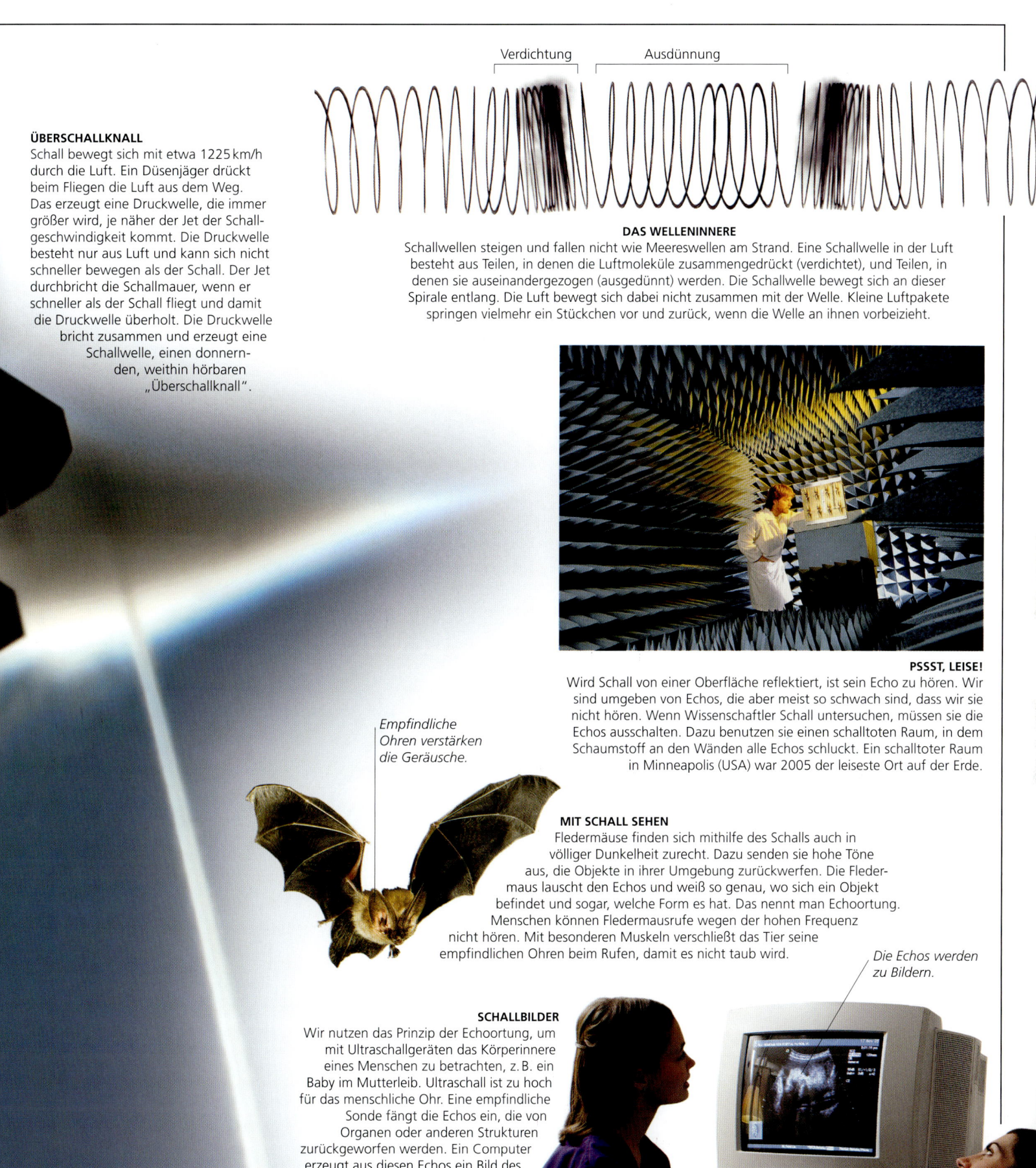

ÜBERSCHALLKNALL

Schall bewegt sich mit etwa 1225 km/h durch die Luft. Ein Düsenjäger drückt beim Fliegen die Luft aus dem Weg. Das erzeugt eine Druckwelle, die immer größer wird, je näher der Jet der Schallgeschwindigkeit kommt. Die Druckwelle besteht nur aus Luft und kann sich nicht schneller bewegen als der Schall. Der Jet durchbricht die Schallmauer, wenn er schneller als der Schall fliegt und damit die Druckwelle überholt. Die Druckwelle bricht zusammen und erzeugt eine Schallwelle, einen donnernden, weithin hörbaren „Überschallknall".

Verdichtung   Ausdünnung

DAS WELLENINNERE

Schallwellen steigen und fallen nicht wie Meereswellen am Strand. Eine Schallwelle in der Luft besteht aus Teilen, in denen die Luftmoleküle zusammengedrückt (verdichtet), und Teilen, in denen sie auseinandergezogen (ausgedünnt) werden. Die Schallwelle bewegt sich an dieser Spirale entlang. Die Luft bewegt sich dabei nicht zusammen mit der Welle. Kleine Luftpakete springen vielmehr ein Stückchen vor und zurück, wenn die Welle an ihnen vorbeizieht.

PSSST, LEISE!

Wird Schall von einer Oberfläche reflektiert, ist sein Echo zu hören. Wir sind umgeben von Echos, die aber meist so schwach sind, dass wir sie nicht hören. Wenn Wissenschaftler Schall untersuchen, müssen sie die Echos ausschalten. Dazu benutzen sie einen schalltoten Raum, in dem Schaumstoff an den Wänden alle Echos schluckt. Ein schalltoter Raum in Minneapolis (USA) war 2005 der leiseste Ort auf der Erde.

Empfindliche Ohren verstärken die Geräusche.

MIT SCHALL SEHEN

Fledermäuse finden sich mithilfe des Schalls auch in völliger Dunkelheit zurecht. Dazu senden sie hohe Töne aus, die Objekte in ihrer Umgebung zurückwerfen. Die Fledermaus lauscht den Echos und weiß so genau, wo sich ein Objekt befindet und sogar, welche Form es hat. Das nennt man Echoortung. Menschen können Fledermausrufe wegen der hohen Frequenz nicht hören. Mit besonderen Muskeln verschließt das Tier seine empfindlichen Ohren beim Rufen, damit es nicht taub wird.

Die Echos werden zu Bildern.

SCHALLBILDER

Wir nutzen das Prinzip der Echoortung, um mit Ultraschallgeräten das Körperinnere eines Menschen zu betrachten, z. B. ein Baby im Mutterleib. Ultraschall ist zu hoch für das menschliche Ohr. Eine empfindliche Sonde fängt die Echos ein, die von Organen oder anderen Strukturen zurückgeworfen werden. Ein Computer erzeugt aus diesen Echos ein Bild des Körperinneren. Diese Technik ist ungefährlich, da die Schallwellen im Gegensatz zu Röntgenstrahlen nicht genug Energie enthalten, um das durchdrungene Gewebe zu schädigen.

Aggregatzustände

Atome befinden sich nie in Ruhe. Selbst in einem Festkörper schwingen sie hin und her. Mit zunehmender Temperatur schwingen Atome immer schneller. Stärkere Schwingungen zerren an den Bindungen zwischen den Atomen, die sich irgendwann lösen. Sind die Bindungen nicht mehr stark genug, schmilzt ein Festkörper und wird flüssig. Die meisten Atome sind immer noch verbunden. Die Bindungen reichen aber nicht aus, um der Flüssigkeit eine feste Form zu geben. Wird die Substanz weiter erhitzt, brechen alle Bindungen auf und die Atome (oder Atomgruppen) schweben davon. Aus der Flüssigkeit ist ein Gas geworden. Dieser Vorgang funktioniert auch umgekehrt. Beim Abkühlen verbinden sich die Atome wieder. Gas kondensiert zu Tröpfchen, die dann erstarren. Fest, flüssig und gasförmig sind die wichtigsten Aggregatzustände.

Wasserdampf ist ein Gas.

Festes Eis

Flüssiges Wasser

TEMPERATURMESSUNG
Jede Substanz kann schmelzen, kochen oder erstarren. Wird dieser Eisskulptur Hitze zugeführt, schmilzt das feste Eis zu flüssigen Wassertropfen. Durch weiteres Erhitzen wird aus dem Wasser gasförmiger Wasserdampf. Dieser kondensiert in der kalten Luft zu sichtbarem Dampf. Wissenschaftler benutzen Wasser als Vergleichsgröße bei der Temperaturmessung. Wasser gefriert und kocht bei bestimmten Temperaturen. Sein Gefrierpunkt wurde als Nullpunkt der Celsiusskala festgelegt. Der Siedepunkt von Wasser liegt bei 100 °C. Alle anderen Temperaturen werden mit diesen Punkten verglichen. Die Körpertemperatur eines Menschen z. B. beträgt etwa 37 °C.

VERTEILUNG
Gasmoleküle besitzen keine Bindungen und bewegen sich frei in alle Richtungen, bis sie auf eine Oberfläche treffen und von ihr abprallen. Dieser Prozess heißt Diffusion und ist der Grund dafür, warum sich der Rauch wie bei dieser Flugshow am Himmel verteilt. Die Diffusion erklärt auch, wie Gerüche sich in einem Raum ausbreiten und wie Gase aus einem Atemzug in der Lunge in den Blutkreislauf des Körpers gelangen.

Nebel aus Kohlendioxid und Wasserdampf

Wasser erwärmt Trockeneis und beschleunigt die Sublimation.

NICHT FLÜSSIG
Einige Feststoffe gehen direkt in den gasförmigen Zustand über, ohne vorher flüssig zu werden. Dieser Vorgang heißt Sublimation. Das bekannteste Beispiel ist Trockeneis, mit dem man in Theatern und Shows dichten Nebel erzeugt. Trockeneis ist gefrorenes Kohlendioxid. Es ist viel kälter als Wassereis und wird bei Raumtemperatur nicht flüssig, sondern gasförmig. Das Einlegen in Wasser wie auf diesem Bild beschleunigt den Vorgang. Das kalte Kohlendioxid aus der Flasche tritt in Kontakt mit dem Wasserdampf in der Luft und kondensiert zu einem dicken, weißen Nebel. Dieser sinkt zu Boden, weil Kohlendioxid schwerer ist als Luft.

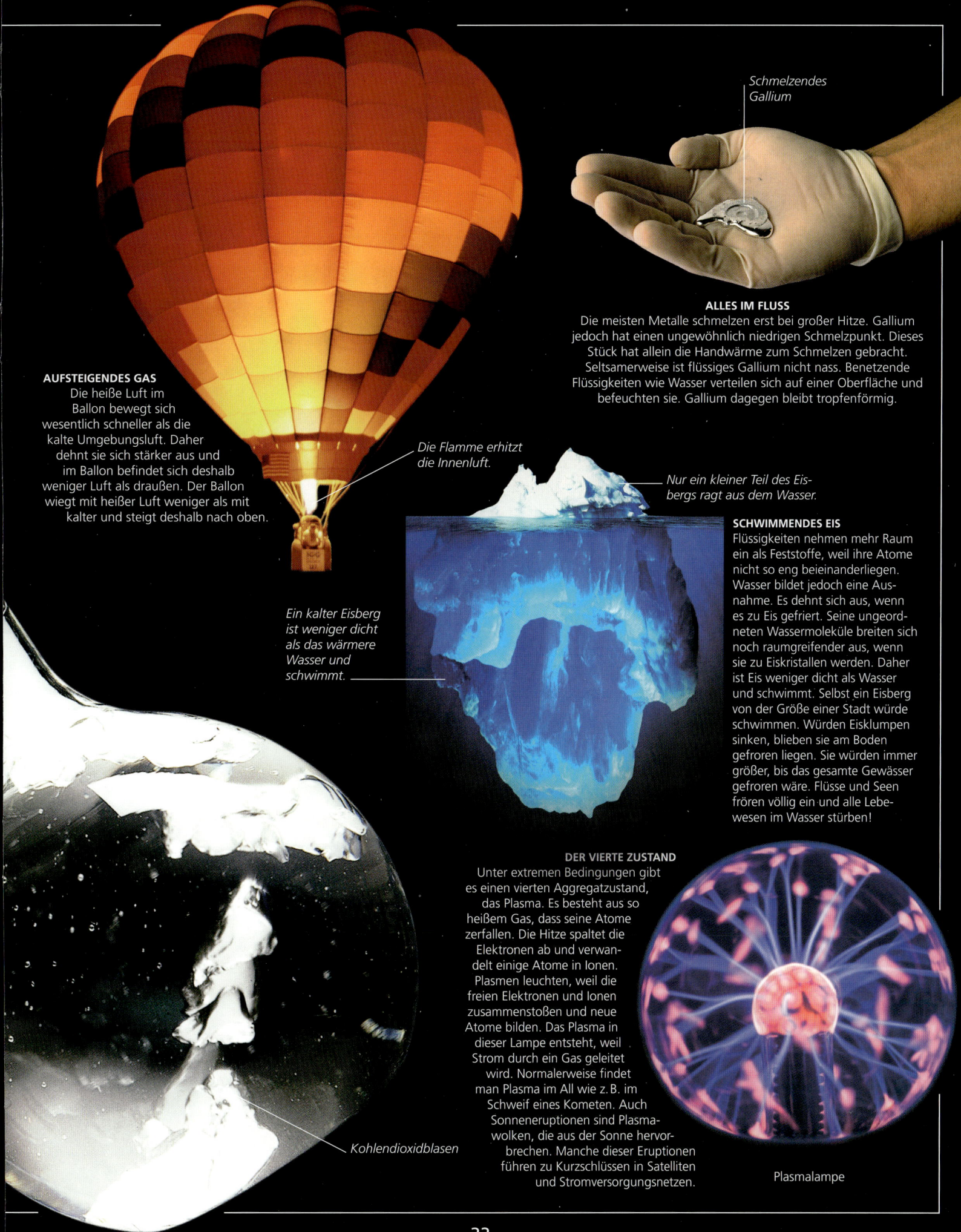

Schmelzendes Gallium

ALLES IM FLUSS

Die meisten Metalle schmelzen erst bei großer Hitze. Gallium jedoch hat einen ungewöhnlich niedrigen Schmelzpunkt. Dieses Stück hat allein die Handwärme zum Schmelzen gebracht. Seltsamerweise ist flüssiges Gallium nicht nass. Benetzende Flüssigkeiten wie Wasser verteilen sich auf einer Oberfläche und befeuchten sie. Gallium dagegen bleibt tropfenförmig.

AUFSTEIGENDES GAS

Die heiße Luft im Ballon bewegt sich wesentlich schneller als die kalte Umgebungsluft. Daher dehnt sie sich stärker aus und im Ballon befindet sich deshalb weniger Luft als draußen. Der Ballon wiegt mit heißer Luft weniger als mit kalter und steigt deshalb nach oben.

Die Flamme erhitzt die Innenluft.

Nur ein kleiner Teil des Eisbergs ragt aus dem Wasser.

SCHWIMMENDES EIS

Flüssigkeiten nehmen mehr Raum ein als Feststoffe, weil ihre Atome nicht so eng beieinanderliegen. Wasser bildet jedoch eine Ausnahme. Es dehnt sich aus, wenn es zu Eis gefriert. Seine ungeordneten Wassermoleküle breiten sich noch raumgreifender aus, wenn sie zu Eiskristallen werden. Daher ist Eis weniger dicht als Wasser und schwimmt. Selbst ein Eisberg von der Größe einer Stadt würde schwimmen. Würden Eisklumpen sinken, blieben sie am Boden gefroren liegen. Sie würden immer größer, bis das gesamte Gewässer gefroren wäre. Flüsse und Seen frören völlig ein und alle Lebewesen im Wasser stürben!

Ein kalter Eisberg ist weniger dicht als das wärmere Wasser und schwimmt.

DER VIERTE ZUSTAND

Unter extremen Bedingungen gibt es einen vierten Aggregatzustand, das Plasma. Es besteht aus so heißem Gas, dass seine Atome zerfallen. Die Hitze spaltet die Elektronen ab und verwandelt einige Atome in Ionen. Plasmen leuchten, weil die freien Elektronen und Ionen zusammenstoßen und neue Atome bilden. Das Plasma in dieser Lampe entsteht, weil Strom durch ein Gas geleitet wird. Normalerweise findet man Plasma im All wie z. B. im Schweif eines Kometen. Auch Sonneneruptionen sind Plasmawolken, die aus der Sonne hervorbrechen. Manche dieser Eruptionen führen zu Kurzschlüssen in Satelliten und Stromversorgungsnetzen.

Kohlendioxidblasen

Plasmalampe

Gut gemischt

Viele alltägliche Substanzen sind Gemische aus mehreren Bestandteilen. Gemische sind entweder homogen oder heterogen. Meerwasser beispielsweise ist ein homogenes Gemisch aus Salz und Wasser. Salzwasser sieht genauso aus wie reines Wasser, weil das aufgelöste Salz sich gleichmäßig im Wasser verteilt und damit unsichtbar wird. Bei einem heterogenen Gemisch ist das anders. In Schlamm schwimmen Erdklümpchen im Wasser, die aber nicht gleichmäßig darin gelöst sind. Die Erde bleibt also sichtbar und das Gemisch sieht aus wie eine Kombination ihrer Bestandteile.

VERSCHIEDENE GEMISCHE
Diese Murmeln sind Gemische aus farbigem Glas, die als heiße Flüssigkeiten miteinander verwirbelt wurden und dann erstarrten. Es gibt viele Arten von Gemischen. Ein Feststoff oder ein Gas in einer Flüssigkeit heißt Lösung. Wird eine Flüssigkeit unter einen Feststoff gemischt, bildet sie ein Gel. Wird ein Gas unter einen Feststoff gemischt, entsteht Schaum, ein Flüssigkeit-Gas-Gemisch nennt man Spray.

GEMISCHE HERSTELLEN
Eiscreme lässt sich schwer selbst herstellen, da es ein kompliziertes Gemisch aus Zucker, Aromen, Wasser, Sahne und Luft ist. Im halb gefrorenen Wasser-Eis-Gemisch sind Zucker und Aromen gelöst, damit es süß schmeckt. Sahne löst sich nicht auf, sondern verbindet sich als winzige Fettklümpchen mit Wasser zu einem trüben Gemisch, einer Emulsion. In diese klebrige Emulsion werden dann Luftblasen geschlagen, damit sie weicher und angenehmer zu essen ist.

Eine Kugel
Mangoeiscreme

METALLLEGIERUNGEN
Ein Gemisch aus zwei oder mehr Metallen heißt Legierung. Legierungen sind sehr nützlich. Vor einigen Jahrtausenden lernten die Menschen, aus Kupfer und Zinn Bronze herzustellen. Diese Legierung war viel stärker als reines Kupfer und eignete sich gut für die Herstellung robuster Gegenstände wie Helmen. Metalle lassen sich gut mischen, weil ihre Atome leicht Elektronen teilen. Die wichtigste moderne Legierung ist Stahl, ein Gemisch aus Eisen, Kohlenstoff und kleinen Mengen anderer Metalle. Dadurch wird Stahl härter, aber auch biegsamer als reines Eisen.

Solche Bronzehelme trugen die Gladiatoren im alten Rom.

AUFBEREITUNG

Die Bestandteile eines Gemischs sind nicht miteinander verbunden, sondern nur miteinander vermengt. Ein Gemisch lässt sich daher wieder in seine Bestandteile zerlegen. Eine Lösung kann man z. B. erhitzen, bis der flüssige Anteil verdampft ist und die festen Bestandteile zurückbleiben. So gewinnt man auch Salz aus Meerwasser. Diese Arbeiter in Kerala (Indien) sammeln reines Meersalz aus flachen Becken, nachdem das Meerwasser in der Sonne verdunstet ist.

Musselinfilter

Gemisch aus Feststoff und Flüssigkeit

Der Feststoff bleibt im Tuch.

Klare Flüssigkeit fließt aus dem Stoff.

EINBAHNSTRASSE

Durch Filtrieren lassen sich die Bestandteile eines heterogenen Gemischs anhand ihrer unterschiedlichen Größe voneinander trennen. Filter können aus Papier, Stoff oder Metall bestehen – sie müssen nur ausreichend winzige Löcher haben, durch die nur einer der Bestandteile passt. Filter kommen überall zum Einsatz. In Experimenten trennt man mit Musselin Feststoffe von Lösungen und Sand filtert feste Abfälle aus Abwässern.

Buntes Wachs steigt im heißen Wasser auf.

MISCHEN UNMÖGLICH

Manche Substanzen mischen sich nicht miteinander. Öl steigt in Wasser nach oben und bildet eine eigene Oberflächenschicht. Wasser und Öl bleiben also auch beim Zusammengießen getrennt. Diese Lavalampe enthält Wasser und Wachs. Die Lampe erhitzt das Wachs, bis es schmilzt. Es steigt im Wasser auf, ohne sich mit ihm zu mischen.

IN BEWEGUNG

Die verschiedenen Bestandteile eines Gemischs bewegen sich unterschiedlich schnell durch ein Material. Dieses Prinzip wird in der Chromatografie genutzt, um schwer trennbare Gemische aus ähnlichen Bestandteilen zu zerlegen. Dunkle Tinte enthält z. B. mehrere Farbstoffe, die unterschiedlich schnell durch das Löschpapier wandern und jeweils nach einer bestimmten Strecke einzelne Farbstreifen hinterlassen.

Getrennte Farbstoffe einer Tinte

Chemische Reaktionen

Die Atome der meisten Elemente verbinden sich mit Atomen anderer Elemente zu neuen Substanzen, den Verbindungen. Sie haben andere Eigenschaften als die Elemente, aus denen sie bestehen. So reagieren Wasserstoff- und Sauerstoffatome – zwei Gase – zu flüssigem Wasser. Verbindungen entstehen in chemischen Reaktionen, wenn Atome sich in neuen Kombinationen anordnen. Die Atome einer Verbindung bilden chemische Bindungen aus, weil sie dann stabiler sind. Bei einigen chemischen Bindungen teilen sich Atome zwei Elektronen. Andere Bindungen entstehen, wenn ein Atom Elektronen an ein anderes abgibt.

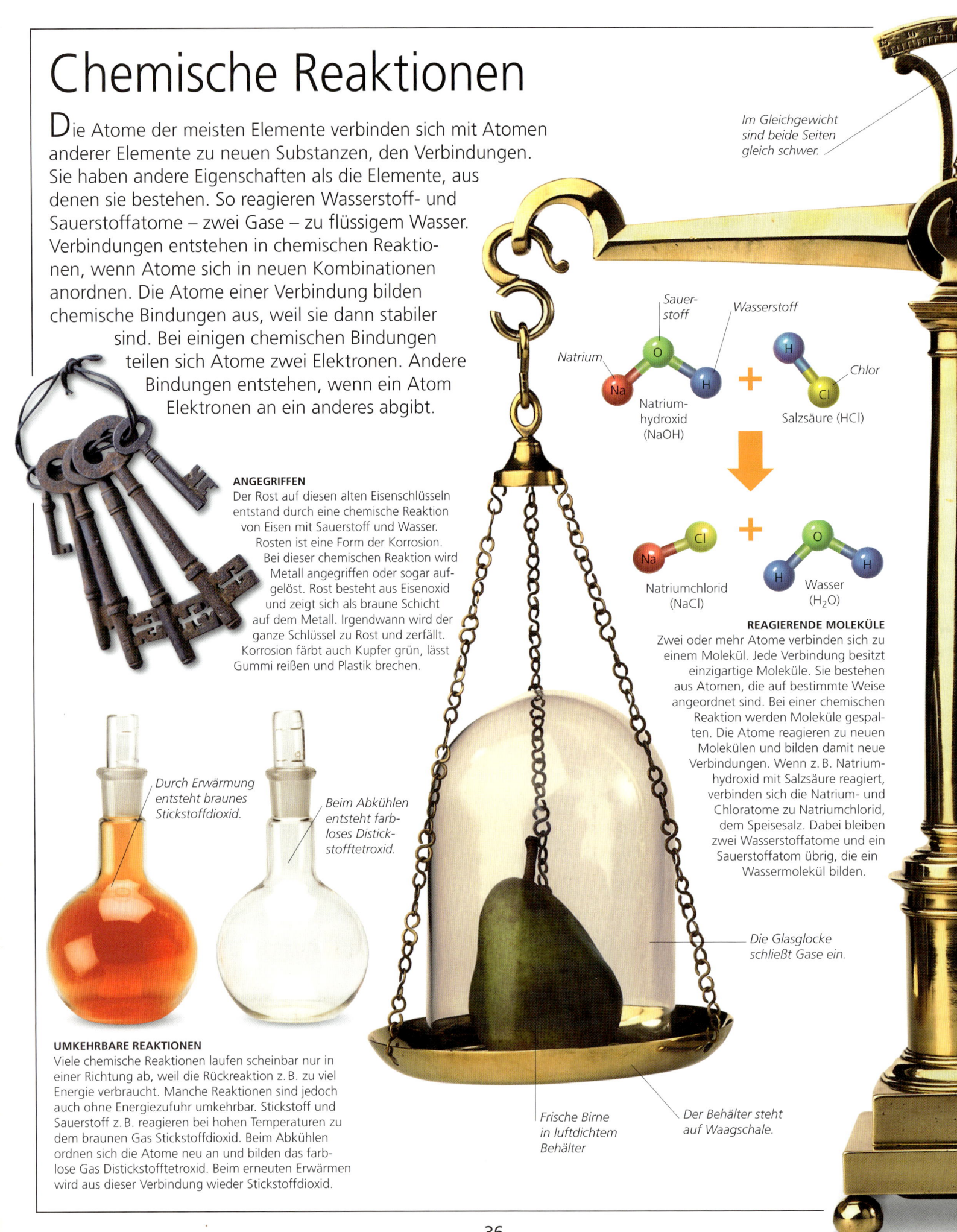

Im Gleichgewicht sind beide Seiten gleich schwer.

Sauerstoff

Wasserstoff

Natrium

Natriumhydroxid (NaOH)

Chlor

Salzsäure (HCl)

Natriumchlorid (NaCl)

Wasser (H$_2$O)

ANGEGRIFFEN
Der Rost auf diesen alten Eisenschlüsseln entstand durch eine chemische Reaktion von Eisen mit Sauerstoff und Wasser. Rosten ist eine Form der Korrosion. Bei dieser chemischen Reaktion wird Metall angegriffen oder sogar aufgelöst. Rost besteht aus Eisenoxid und zeigt sich als braune Schicht auf dem Metall. Irgendwann wird der ganze Schlüssel zu Rost und zerfällt. Korrosion färbt auch Kupfer grün, lässt Gummi reißen und Plastik brechen.

REAGIERENDE MOLEKÜLE
Zwei oder mehr Atome verbinden sich zu einem Molekül. Jede Verbindung besitzt einzigartige Moleküle. Sie bestehen aus Atomen, die auf bestimmte Weise angeordnet sind. Bei einer chemischen Reaktion werden Moleküle gespalten. Die Atome reagieren zu neuen Molekülen und bilden damit neue Verbindungen. Wenn z. B. Natriumhydroxid mit Salzsäure reagiert, verbinden sich die Natrium- und Chloratome zu Natriumchlorid, dem Speisesalz. Dabei bleiben zwei Wasserstoffatome und ein Sauerstoffatom übrig, die ein Wassermolekül bilden.

Durch Erwärmung entsteht braunes Stickstoffdioxid.

Beim Abkühlen entsteht farbloses Distickstofftetroxid.

Die Glasglocke schließt Gase ein.

UMKEHRBARE REAKTIONEN
Viele chemische Reaktionen laufen scheinbar nur in einer Richtung ab, weil die Rückreaktion z. B. zu viel Energie verbraucht. Manche Reaktionen sind jedoch auch ohne Energiezufuhr umkehrbar. Stickstoff und Sauerstoff z. B. reagieren bei hohen Temperaturen zu dem braunen Gas Stickstoffdioxid. Beim Abkühlen ordnen sich die Atome neu an und bilden das farblose Gas Distickstofftetroxid. Beim erneuten Erwärmen wird aus dieser Verbindung wieder Stickstoffdioxid.

Frische Birne in luftdichtem Behälter

Der Behälter steht auf Waagschale.

NICHTS ENTSTEHT, NICHTS VERGEHT

In chemischen Reaktionen werden Atome weder erschaffen noch zerstört. Die Anzahl der Atome nach einer Reaktion ist immer dieselbe wie vor der Reaktion, sie haben nur neue Bindungen ausgebildet. In diesem Experiment wiegt eine frische Birne genauso viel wie eine, die aufgrund verschiedener chemischer Reaktionen verfault ist. Ein Großteil der verfaulten Birne hat sich in Gase verwandelt, aber auch diese tragen zum Gesamtgewicht bei.

Reagenzglas

Eisen-Schwefel-Gemisch

Beim Backen laufen chemische Reaktionen im Brot ab.

WÄRMEBEDARF

Viele Reaktionen setzen erst ein, wenn die Bestandteile erwärmt werden. Eisen und Schwefel müssen erhitzt werden, um daraus Eisensulfid herzustellen. Wenn die Reaktion abgelaufen ist, gibt sie wieder Energie ab. Bei der Eisensulfid-Reaktion wird sogar mehr Energie freigesetzt, als vorher zugeführt wurde. Wissenschaftler nennen sie exotherme Reaktionen. Endotherme Reaktionen setzen dagegen keine oder weniger Energie frei, als vorher zugeführt wurde. Manche Reaktionen entziehen sogar ihrer Umgebung Wärme und führen zu einem Temperaturabfall.

Der Teig geht vorher auf.

Dem Brotteig wird Hefe zugefügt.

Gasflamme eines Bunsenbrenners

MIT ETWAS HILFE

Manche Reaktionen vollziehen sich in Sekundenbruchteilen, andere dagegen können Jahre dauern. Viele Reaktionen lassen sich durch Wärme beschleunigen, manche laufen jedoch ohne Hilfsmittel nur langsam oder sogar überhaupt nicht ab. Ein Katalysator bringt die Bestandteile so zusammen, dass sie reagieren. Der Katalysator selbst wird dabei nicht verbraucht. So sorgen die Enzyme der Hefe als Katalysatoren dafür, dass Brotteig aufgeht. Sie beschleunigen die Umwandlung des Zuckers in Wasser und Kohlendioxid, das den Teig aufbläht.

Die Glocke enthält Luft und von der Birne freigesetzte Gase.

Aus der Birne freigesetzte Wassertröpfchen

BRANDHEISS

Sauerstoff gehört zu den reaktionsfreudigsten Elementen. Häufig kommt es mit Verbindungen und anderen Elementen zu einer Verbrennungsreaktion. Dabei entstehen Licht und Wärme, die als Flammen sichtbar werden. Ein industrieller Gasbrenner erzeugt eine Temperatur von 3500 °C. Er schmilzt Metallstücke und schweißt sie zusammen. Die Verbrennung ist wahrscheinlich die nützlichste chemische Reaktion. Seit über 500 000 Jahren nutzt der Mensch das Feuer, um sich zu wärmen und um zu kochen. Noch heute gewinnen wir mithilfe der Verbrennung Energie wie aus Autobenzin oder bei der Stromerzeugung im Kraftwerk.

Die Seite mit der verfaulten Birne wiegt genauso viel wie die Seite mit der frischen.

Die Birne verfault, weil Schimmelpilze und Bakterien mit chemischen Reaktionen die Birne in Gase umwandeln.

Säuren und Basen

Chemische Reaktionen finden ständig und überall statt, nicht nur im Labor. Häufig sind Säuren daran beteiligt. Es gibt unterschiedliche Säuremoleküle. Die meisten Säuren besitzen ein Wasserstoffatom, das sich leicht löst und andere Substanzen angreift. Säuren sind häufig in Wasser gelöst. Wenn das Wasserstoffatom sich abspaltet, wird es zu einem sehr reaktionsfreudigen Ion. Am stärksten reagieren Säuren mit Laugen. Diese Chemikalien setzen Hydroxidionen frei, die aus einem Sauerstoff- und einem Wasserstoffatom bestehen. Wasserstoff und Hydroxid reagieren zu Wasser. Die Reste der Säure und der Lauge verbinden sich zu einem Salz.

Flüssig-seife

Handseife

Waschpulver

SAUER MACHT LUSTIG
Säuren kommen in der Natur häufig vor. Zitronensaft schmeckt sauer, weil er Zitronensäure enthält. Diese Säure spielt bei Tieren und Menschen eine wichtige Rolle im Zucker- und Fettsäurestoffwechsel. Doch wenn man sie in größeren Mengen schluckt, kann sie sogar schädlich sein.

Stick-oxid

REINIGUNGSMITTEL
Seife wird in einer Säure-Base-Reaktion hergestellt. Dabei reagieren Fettsäuren (komplexe Säuren in pflanzlichen und tierischen Ölen und Fetten) mit einer starken Lauge wie Natriumhydroxid. Diese reagieren zu Seife, einem basischen Gemisch aus Salzen. Seifenmoleküle bestehen aus zwei Teilen. Der hydrophile („wasserliebende") Teil löst sich in Wasser. Der andere Teil ist hydrophob („wasserhassend") und mischt sich nur mit Fett und Schmutz. An das hydrophobe Ende der Seife binden Fette, während der hydrophile Teil den gesamten Komplex in Wasser löst. Synthetische Reinigungsmittel wie Waschpulver funktionieren ähnlich.

ZISCH!
Bei einer Reaktion mit einer Säure entstehen häufig beeindruckende zischende Gase und bunte Kristalle. Normalerweise werden dabei zwei bis drei neue Substanzen gebildet. In dieser Flasche reagiert Salpetersäure mit Kupfer. Orangefarbenes Stickoxid steigt auf, während das Kupfer zu dem grünen Salz Kupfernitrat wird. Es sieht zwar ganz anders aus als das bekannte Speisesalz, aber beide Salze entstehen in einer Säurereaktion.

SAURE MUSKELN
Sammelt sich zu viel Säure in unseren Muskeln, fühlen sie sich nach Anstrengungen müde an. Zucker liefert die Energie für die Muskeln. Lunge und Blut sorgen für den Sauerstoff, der zur Freisetzung dieser Energie benötigt wird. Wenn die Muskeln schwer arbeiten müssen, kann die Lunge sie nicht ausreichend versorgen und der Zucker wird ohne Sauerstoff verarbeitet. Dabei entsteht Milchsäure. Wenn sich viel Säure ansammelt, spüren wir ein Brennen in den erschöpften Muskeln.

Kohlendioxid steigt sprudelnd auf.

BLÄSCHENBILDUNG

Die Bläschen in sprudelnden Getränken werden von der sehr schwachen Kohlensäure erzeugt, die kaum mit anderen Substanzen reagiert. Das instabile Säuremolekül zerfällt rasch in Wasser und Kohlendioxid, das als Bläschen aufsteigt. Sprudelnden Getränken werden beim Abfüllen große Mengen Kohlensäure zugesetzt. Nach dem Öffnen der Flasche setzt die Säure das Gas frei, aber ohne sie schmeckt das Getränk meist schal.

Bleiche
(starke Base)

Seife
(schwache Base)

Wasser
(neutral)

Kohlensäure
(schwache Säure)

Magensäure
(starke Säure)

FARBINDIKATOREN

Die Stärke einer Säure oder Base wird mit der pH-Skala gemessen. Dabei wird die Anzahl der Wasserstoffionen bestimmt. Chemiker messen die pH-Zahl mit Indikatoren, die je nach pH-Wert eine bestimmte Farbe anzeigen. Starke Basen wie Bleichmittel haben einen pH-Wert von 13 oder 14. Das bedeutet, dass sie nur wenige Wasserstoffionen besitzen. Starke Säuren wie die Magensäure haben einen pH-Wert von 1 und damit etwa 1 Billion Mal so viele Wasserstoffionen wie Basen. Säuren und Basen reagieren zu neutralen Verbindungen wie Wasser, das mit einem pH-Wert von 7 weder sauer noch basisch ist.

Basen-
tabletten
in Wasser

MAGENSÄURE

Säuren arbeiten auch im Inneren des Körpers. Die stärkste befindet sich im Magen, wo sie feste Nahrung auflöst. Magensäure ist 100-mal konzentrierter als Zitronensaft. Sie kann Metalle auflösen und die Haut angreifen. Die Magenwand wird deshalb von einer Schicht aus säurefestem Schleim geschützt. Bei einer Verdauungsstörung schwappt die Säure aus dem Magen und brennt in der Speiseröhre. Dagegen helfen Tabletten mit einer Base, um die Magensäure zu neutralisieren und sie in harmlose Salze umzuwandeln.

SAURER REGEN

Regen ist von Natur aus eine schwache Säure. Das Kohlendioxid der Luft reagiert mit dem Regenwasser zu Kohlensäure. Fabriken setzen jedoch Abgase frei, die mit dem Regenwasser viel stärkere Säuren bilden. Regen mit Schwefel- und Salpetersäure richtet große Schäden an. Saurer Regen macht den Boden unfruchtbar und tötet die Fische in Flüssen und Seen. Saurer Nebel lässt Bergwälder in der Nähe von rauchenden Fabrikschloten absterben.

Unter Strom

Elektrizität ist eine Elementarkraft der Natur. Jedes Atom enthält Teilchen mit einer elektrischen Ladung, die positiv (Protonen) oder negativ (Elektronen) ist. Teilchen mit gleicher Ladung stoßen sich ab, während sich entgegengesetzte Ladungen anziehen. Können sich die geladenen Teilchen nicht frei bewegen, baut sich an einer Stelle statische Elektriziät auf. In bestimmten Metallen können jedoch freie Elektronen in Form von elektrischem Strom fließen. Dieser Strom wird durch Kabel geleitet, aber Elektrizität kann auch aus einem Strom von Ionen (geladenen Atomen oder Molekülen) bestehen, die sich durch eine Flüssigkeit wie der Batteriesäure bewegen. Elektrizität ist nützlich, weil sie sich in Wärme, Licht, Bewegung und andere Energieformen umwandeln lässt.

GELADENER EDELSTEIN
Der Begriff „elektrisch" kommt vom griechischen Wort für Bernstein – Elektron. Bernstein ist versteinertes Baumharz. Rieben die alten Griechen Bernstein mit einem Tuch ab, blieben Staub und Haare daran hängen. Dasselbe passiert, wenn man einen Luftballon reibt. Heute weiß man, dass der Bernstein dabei elektrisch geladen wird und Dinge an ihm haften, um die Ladung auszugleichen.

Glasröhrchen

Haare mit gleicher Ladung stoßen sich ab.

Voltasche Säule

Der Van-de-Graaff-Generator erzeugt statische elektrische Ladungen.

STAPELWEISE ELEKTRIZITÄT
Elektrizität hielt man früher für eine geheimnisvolle „Lebenskraft", die im Körper entsteht. Im Jahr 1800 erfand der Italiener Alessandro Volta jedoch eine elektrische Batterie, die durch chemische Reaktionen Strom erzeugte. Diese Voltasche Säule enthält einen Stapel aus Kupfer- und Zinkscheiben in einer Säure. Wenn diese mit Metallen reagiert, wandern Elektronen durch den Stapel. Ein Draht vom oberen zum unteren Teil der Batterie erzeugt einen einfachen Kreislauf, durch den der Strom fließt. Die meisten Batterien arbeiten noch heute nach diesem Prinzip.

Kupferscheibe

Zinkscheibe

SCHIEBEN UND ZIEHEN
Durch das Berühren des Van-de-Graaff-Generators wird dieses Mädchen elektrisch aufgeladen. Die Ladung ist statisch und bewegt sich daher nicht, also fließt kein gefährlicher Strom durch ihren Körper. Objekte mit gegensätzlicher Ladung ziehen sich an und gleichen die Ladungen aus. Objekte mit der gleichen Ladung stoßen sich jedoch ab. Dem Mädchen stehen die Haare zu Berge, weil alle Haarsträhnen die gleiche Ladung haben und sich daher gegenseitig abstoßen.

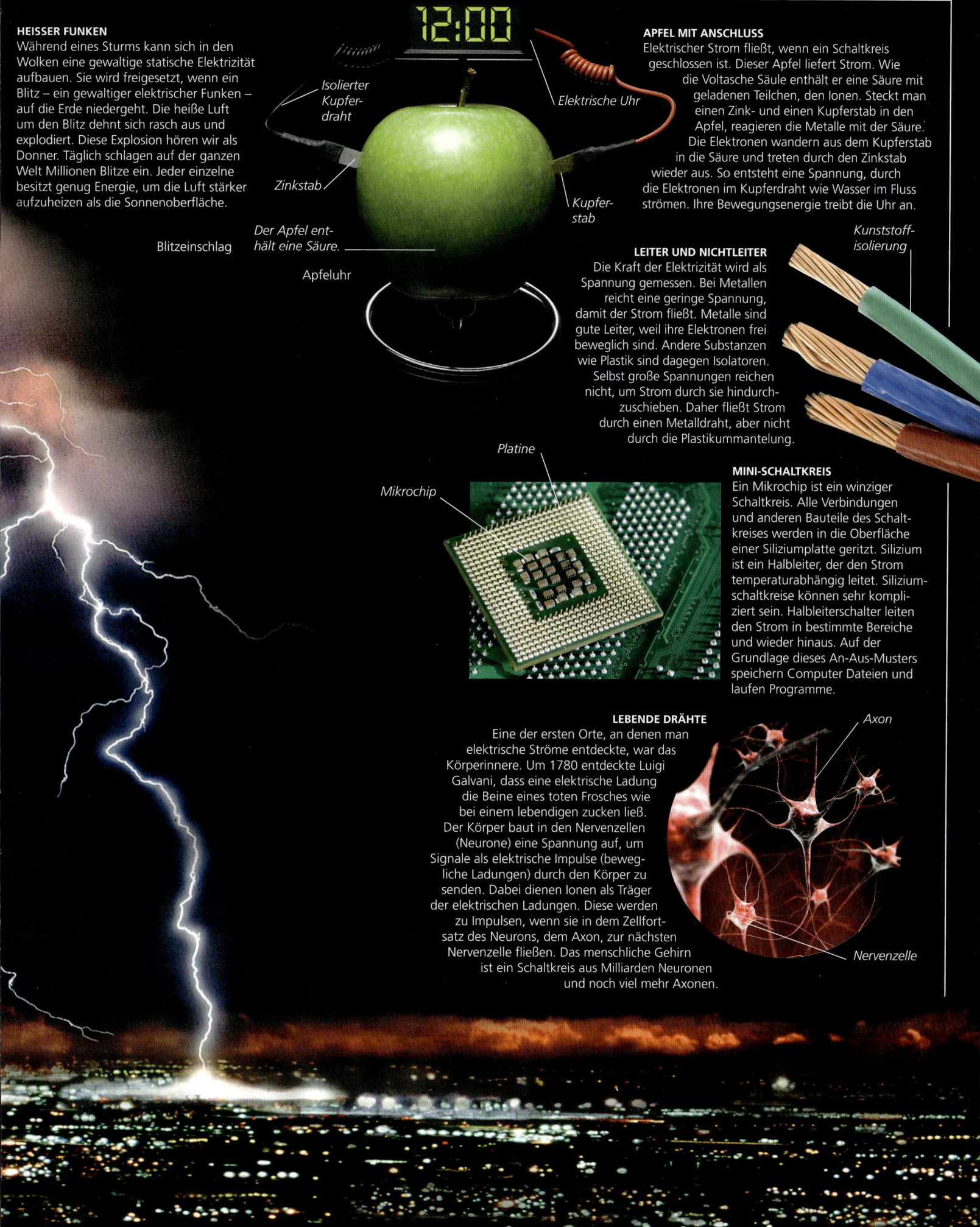

HEISSER FUNKEN

Während eines Sturms kann sich in den Wolken eine gewaltige statische Elektrizität aufbauen. Sie wird freigesetzt, wenn ein Blitz – ein gewaltiger elektrischer Funken – auf die Erde niedergeht. Die heiße Luft um den Blitz dehnt sich rasch aus und explodiert. Diese Explosion hören wir als Donner. Täglich schlagen auf der ganzen Welt Millionen Blitze ein. Jeder einzelne besitzt genug Energie, um die Luft stärker aufzuheizen als die Sonnenoberfläche.

Blitzeinschlag

Isolierter Kupfer-draht

Elektrische Uhr

Zinkstab

Kupfer-stab

Der Apfel ent-hält eine Säure.

Apfeluhr

APFEL MIT ANSCHLUSS

Elektrischer Strom fließt, wenn ein Schaltkreis geschlossen ist. Dieser Apfel liefert Strom. Wie die Voltasche Säule enthält er eine Säure mit geladenen Teilchen, den Ionen. Steckt man einen Zink- und einen Kupferstab in den Apfel, reagieren die Metalle mit der Säure. Die Elektronen wandern aus dem Kupferstab in die Säure und treten durch den Zinkstab wieder aus. So entsteht eine Spannung, durch die Elektronen im Kupferdraht wie Wasser im Fluss strömen. Ihre Bewegungsenergie treibt die Uhr an.

Kunststoff-isolierung

LEITER UND NICHTLEITER

Die Kraft der Elektrizität wird als Spannung gemessen. Bei Metallen reicht eine geringe Spannung, damit der Strom fließt. Metalle sind gute Leiter, weil ihre Elektronen frei beweglich sind. Andere Substanzen wie Plastik sind dagegen Isolatoren. Selbst große Spannungen reichen nicht, um Strom durch sie hindurch-zuschieben. Daher fließt Strom durch einen Metalldraht, aber nicht durch die Plastikummantelung.

Platine

Mikrochip

MINI-SCHALTKREIS

Ein Mikrochip ist ein winziger Schaltkreis. Alle Verbindungen und anderen Bauteile des Schalt-kreises werden in die Oberfläche einer Siliziumplatte geritzt. Silizium ist ein Halbleiter, der den Strom temperaturabhängig leitet. Silizium-schaltkreise können sehr kompli-ziert sein. Halbleiterschalter leiten den Strom in bestimmte Bereiche und wieder hinaus. Auf der Grundlage dieses An-Aus-Musters speichern Computer Dateien und laufen Programme.

LEBENDE DRÄHTE

Eine der ersten Orte, an denen man elektrische Ströme entdeckte, war das Körperinnere. Um 1780 entdeckte Luigi Galvani, dass eine elektrische Ladung die Beine eines toten Frosches wie bei einem lebendigen zucken ließ. Der Körper baut in den Nervenzellen (Neurone) eine Spannung auf, um Signale als elektrische Impulse (beweg-liche Ladungen) durch den Körper zu senden. Dabei dienen Ionen als Träger der elektrischen Ladungen. Diese werden zu Impulsen, wenn sie in dem Zellfort-satz des Neurons, dem Axon, zur nächsten Nervenzelle fließen. Das menschliche Gehirn ist ein Schaltkreis aus Milliarden Neuronen und noch viel mehr Axonen.

Axon

Nervenzelle

Magnetismus

Das Wort „Magnet" geht auf die griechische Region Magnesia zurück. Vor rund 3000 Jahren begannen die Menschen dort, reines Eisen herzustellen. Metallarbeiter entdeckten, dass einige eisenreiche Steine aneinanderhafteten und an Eisenstücken haften blieben. Diese natürlichen Magneten – später Magnetit genannt – fand man auch in Indien und China. Früher hielt man die Anziehungskraft der Magnete für Magie. Erst vor etwa 200 Jahren konnten Wissenschaftler sie erklären. Sie fanden heraus, dass einen Magneten ein unsichtbares Kraftfeld – das Magnetfeld – umgibt und Objekte aus Eisen und Stahl in seiner Nähe beeinflusst. Eisen und Nickel gehören zu den wenigen magnetischen Metallen, bei Aluminium, Zinn oder Kupfer dagegen zeigt die Magnetkraft keine Wirkung.

Die Kompassnadel richtet sich am Kraftfeld aus.

Eisenspäne zeigen die Magnetfeldlinien an.

Ein Magnetit auf einem chinesischem Kompass

Nordpol des Magneten

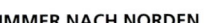

IMMER NACH NORDEN
Der Kompass wurde vermutlich vor 1800 Jahren in China erfunden und in Ritualen verwendet, weil man ihm magische Eigenschaften zuschrieb. Später setzte man Kompasse auch zur Navigation ein. Ein Kompass enthält einen Magneten, der sich frei in alle Richtungen drehen kann. Der kleine Kompassmagnet wird von einem wesentlich größeren – der Erde – angezogen und zeigt immer nach Norden. Dieser chinesische Kompass wird bei Ritualen verwendet und zeigt auf heilige Orte in der Landschaft.

UNSICHTBARE KRAFT
Magneten sind von einem unsichtbaren Kraftfeld umgeben, das magnetische Substanzen wie Eisen anzieht. Sie ziehen andere Magneten an oder stoßen sie ab. Das Kraftfeld erstreckt sich von einem Magnetpol zum anderen. Der Nordpol eines Magneten zeigt zum Nordpol des Erdmagnetfelds und der andere Pol weist auf den Südpol. Gegensätzliche Pole zweier Magneten ziehen sich an, während sich gleiche abstoßen.

MAGNETISCHER PLANET
Der Erdkern besteht aus Eisen, dem häufigsten magnetischen Metall. Um den inneren Kern aus festem Eisen dreht sich eine Schicht aus heißem, flüssigem Eisen und erzeugt ein gewaltiges Magnetfeld, das bis weit ins All reicht. Jeden Tag wird die Erde von Sonnenwinden getroffen, die aus gefährlichen Strahlen und Teilchen der Sonne bestehen. Das Magnetfeld hält den tödlichen Strom ab und leitet ihn zu den Polen. Dort tritt der Sonnenwind in die Atmosphäre ein und erzeugt Polarlichter.

Die Flüssigkeit bildet Spitzen durch die Kraft eines Magneten.

FLÜSSIGE MAGNETEN
Nur Festkörper sind magnetisch, aber auch Flüssigkeiten können sich wie Magneten verhalten. Ferrofluid besteht aus Millionen winziger Stückchen Magneteisen in Öl. Ein darunter gehaltener Magnet beeinflusst die Eisenteilchen darin und bringt es in ungewöhnliche Formen. Ferrofluide werden als Schmieröle in Maschinen mit beweglichen Magneten verwendet. Durch ihren Magnetismus bleiben sie immer in der Nähe der Magneten.

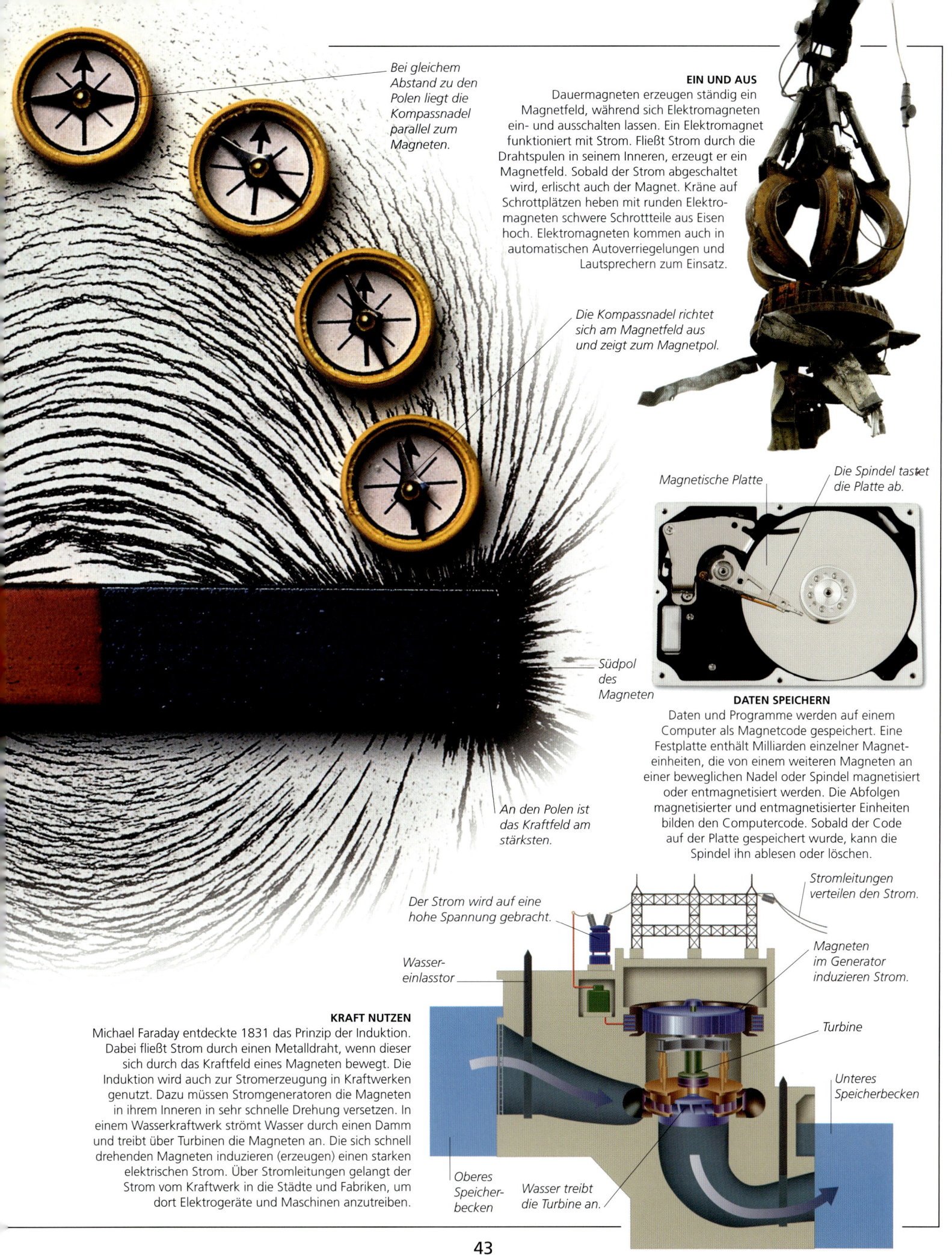

Bei gleichem Abstand zu den Polen liegt die Kompassnadel parallel zum Magneten.

EIN UND AUS
Dauermagneten erzeugen ständig ein Magnetfeld, während sich Elektromagneten ein- und ausschalten lassen. Ein Elektromagnet funktioniert mit Strom. Fließt Strom durch die Drahtspulen in seinem Inneren, erzeugt er ein Magnetfeld. Sobald der Strom abgeschaltet wird, erlischt auch der Magnet. Kräne auf Schrottplätzen heben mit runden Elektromagneten schwere Schrottteile aus Eisen hoch. Elektromagneten kommen auch in automatischen Autoverriegelungen und Lautsprechern zum Einsatz.

Die Kompassnadel richtet sich am Magnetfeld aus und zeigt zum Magnetpol.

Magnetische Platte

Die Spindel tastet die Platte ab.

Südpol des Magneten

DATEN SPEICHERN
Daten und Programme werden auf einem Computer als Magnetcode gespeichert. Eine Festplatte enthält Milliarden einzelner Magneteinheiten, die von einem weiteren Magneten an einer beweglichen Nadel oder Spindel magnetisiert oder entmagnetisiert werden. Die Abfolgen magnetisierter und entmagnetisierter Einheiten bilden den Computercode. Sobald der Code auf der Platte gespeichert wurde, kann die Spindel ihn ablesen oder löschen.

An den Polen ist das Kraftfeld am stärksten.

Stromleitungen verteilen den Strom.

Der Strom wird auf eine hohe Spannung gebracht.

Magneten im Generator induzieren Strom.

Wasser-einlasstor

Turbine

KRAFT NUTZEN
Michael Faraday entdeckte 1831 das Prinzip der Induktion. Dabei fließt Strom durch einen Metalldraht, wenn dieser sich durch das Kraftfeld eines Magneten bewegt. Die Induktion wird auch zur Stromerzeugung in Kraftwerken genutzt. Dazu müssen Stromgeneratoren die Magneten in ihrem Inneren in sehr schnelle Drehung versetzen. In einem Wasserkraftwerk strömt Wasser durch einen Damm und treibt über Turbinen die Magneten an. Die sich schnell drehenden Magneten induzieren (erzeugen) einen starken elektrischen Strom. Über Stromleitungen gelangt der Strom vom Kraftwerk in die Städte und Fabriken, um dort Elektrogeräte und Maschinen anzutreiben.

Unteres Speicherbecken

Oberes Speicherbecken

Wasser treibt die Turbine an.

Aus der Tiefe

Die meisten von Menschen verwendeten Treibstoffe werden aus Erdöl hergestellt. Erdöl besteht aus einer Mischung Hunderter verschiedener fester, flüssiger und gasförmiger Substanzen, die man organisch nennt. Sie entstanden aus den Überresten von Lebewesen, die über Millionen Jahre im Erdinneren lagerten. Die meisten organischen Verbindungen des Erdöls bestehen aus Kohlenstoff- und Wasserstoffatomen, den Kohlenwasserstoffen. Ein einzelnes Kohlenstoffatom kann vier andere Atome binden, sodass komplizierte Moleküle aus langen Ketten und Ringen entstehen. Niemand weiß, wie viele organische Verbindungen es gibt, aber bis jetzt haben Wissenschaftler schon mehrere Millionen verschiedene entdeckt.

Diamant

Kohlenstoffatom

Diamant-Struktur

Bleistift mit Grafitspitze

Grafit-Struktur

FORMEN DES KOHLENSTOFFS

Reiner Kohlenstoff liegt überwiegend in zwei verschiedenen Formen vor. Beim Diamanten sind die Atome pyramidenförmig in einem sehr starren Gitter angeordnet, das ihn zur härtesten Substanz der Welt macht. Beim Grafit liegen sechseckige Ringe übereinander. Grafit ist so weich, dass er als Schreibmine in Bleistiften verwendet wird. Neben diesen Strukturen bilden organische Moleküle auch komplizierte Kugelformen, die aus über 60 Kohlenstoffatomen bestehen.

Leichter Kohlenwasserstoff

Erdgas

Benzin (Autotreibstoff)

Alkene (Kunststoffe)

Kerosin (Flugzeugtreibstoff)

Diesel (Auto- und Lkw-Treibstoff)

Erdöl wird erhitzt in den Turm geleitet.

Schwerer Teer sinkt zu Boden.

ÖL AUS DER ERDE

Erdöl entstand aus totem Plankton (winzigen Meeresorganismen), das vor Millionen Jahren als dicke Schlickschicht auf den Meeresgrund sank. Schlamm und Sand lagerten sich auf dem Schlick ab. Ohne Sauerstoff zerfiel er nach und nach zu einem öligen Kohlenwasserstoffgemisch. Ein großer Teil des Öls stieg an die Erdoberfläche auf und bildete Teergruben oder vermischte sich mit Meerwasser. Ein Teil aber blieb in unterirdischen Räumen eingeschlossen. Um diese Vorkommen anzuzapfen, muss man teilweise kilometertief durch das Gestein der Erdkruste bohren.

KOHLENWASSERSTOFFE

Die Bestandteile des Erdöls werden nach der Größe ihrer Moleküle in Fraktionen (Anteile) eingeteilt. Erdgas besteht überwiegend aus Methan, dem einfachsten Kohlenwasserstoff mit nur einem Kohlenstoffatom. Die Verbindungen in dickflüssigem Teer dagegen enthalten über 70 Kohlenstoffatome. Die Fraktionen lassen sich durch Erhitzen in einem hohen Turm trennen. Kleinere Moleküle wie Benzin steigen nach oben, während schwerere nach unten sinken.

ÖLGESCHÄFTE

Erdöl ist ein sehr wertvoller natürlicher Rohstoff. Jeder Mensch nutzt Treibstoffe oder andere Produkte auf Erdölbasis. Niemand weiß, wie viel Erdöl es unter der Erde noch gibt. Die aktiven Erdölfelder enthalten rund 1,3 Billionen Barrel (ein Barrel entspricht 159 Liter), etwas mehr als die Hälfte davon liegt im Nahen Osten. Weltweit werden jährlich mindestens 30 Mrd. Barrel verbraucht. Die Ölreserven auf dieser Karte reichen noch etwa 45 Jahre, wenn nicht weitere Erdölvorkommen entdeckt werden.

Anbohren
einer Ölquelle

136,9
Europa und Nordasien

73,3
Nordamerika

42,2
Asien-Pazifik

754,2
Naher
Osten

127,7
Afrika

198,9
Süd- und
Mittelamerika

Bekannte Erdölvorkommen im Jahr 2009
(in Milliarden Barrels)

ANEINANDERGEKETTET

Ein Kohlenstoffatom kann zweifache oder sogar dreifache Bindungen mit anderen Kohlenstoffatomen eingehen. Kohlenwasserstoffe mit Doppel- und Dreifachbindungen sind sehr nützlich, weil sie zu verzweigten Materialien verarbeitet werden. Dabei entstehen dehnbare und formbare Kunststoffe. Viele Kunststoffe sind Polymere (von griech. *poly* für „viel" und *meros* für „Teil"), die aus Verknüpfungen kleinerer Moleküle entstehen. Der häufigste Kunststoff ist Polyethylen, der aus vielen Molekülen des Kohlenwasserstoffs Ethylen besteht. Polyethylen ist sehr vielseitig. Aus dieser Rolle Kunststofffolie entstehen Verpackungen und Plastiktüten.

Lippenstift

Nylonseil

Seife

Vaseline

Ölfarbe

ÜBERALL IM EINSATZ

Chemische Reaktionen können organische Moleküle verbinden oder verändern. Dabei entsteht eine breite Palette an Substanzen des alltäglichen Lebens. Nylon, Seife, Kosmetikprodukte und viele Medikamente wie Aspirin werden aus Erdöl hergestellt. Doch weil die Förderung des Erdöls immer teurer wird, steigt auch der Preis dieser Alltagsgegenstände. Erdöl ist jedoch nicht die einzige Quelle organischer Verbindungen. Chemiker erforschen derzeit, wie man Kohle und sogar Zucker als alternative Rohstoffe einsetzen kann.

Atomenergie

Wissenschaftler haben zwei Methoden entdeckt, Energie aus Atomen zu gewinnen. In Atomkraftwerken werden Atomkerne gespalten. Als Brennstoffe dienen dabei radioaktive Elemente (S. 25) wie Uran mit großen, instabilen Atomen. Ein Gramm nuklearer Brennstoff enthält 1 Million Mal mehr Energie als dieselbe Menge Kohle. Die zweite Methode ist die Kernfusion, bei der kleine Atomkerne mit solcher Wucht aufeinander-prallen, dass sie zu größeren Atomen verschmelzen. Beide Vorgänge können in Kettenreaktionen übergehen, wie man sie für Atombomben benötigt. Um jedoch eine Explosion herbeizuführen, sind komplizierte technische Prozesse notwendig.

ATOME SPALTEN

Enrico Fermi spaltete als erster Wissen-schaftler Atome. 1942 baute er in Chicago (USA) einen Atomreaktor, um eine kontrollierte Kernspaltung durch-zuführen. Fermi erkannte jedoch nicht, wie gefährlich radioaktive Elemente sind. Er starb 1954, weil er zu lange mit nuklearen Brennstoffen hantiert hatte. Heute werden radioaktive Materialien sicherer gelagert.

Instabiler Atomkern

Der Kern teilt sich.

Wärme, Licht und andere Strahlungen werden abgegeben.

Kleinere Kerne entstehen.

Abgegebenes Neutron

Proton

KETTENREAKTION

Radioaktive Elemente sind wegen ihrer großen Atomkerne instabil, weil sie zu viele Protonen oder Neutronen enthalten. Urankerne verlieren sogar spontan Protonen und Neutronen und geben dabei Strahlung ab. Beschießt man Uran mit Neutronen, lösen die abge-gebenen Neutronen eine Kettenreaktion aus. Sie stoßen mit anderen Urankernen zusammen, die in je zwei Teile brechen. Dabei setzen sie Energie frei und geben weitere Neutronen ab, die weitere Atomkerne spalten. Deshalb eignet sich Uran als nuklearer Brennstoff. Atomreaktoren regulieren die Anzahl der freigesetzten Neutronen, um Energie langsam und sicher zu erzeugen.

Abgegebenes Neutron

ATOMTESTS

In Atombomben findet Kernspaltung mit unkontrollierbarer Geschwindigkeit statt, die zu einer gewaltigen Explosion führt. Amerikanische Kampfflieger warfen 1945 während des Zweiten Weltkriegs zwei Atombomben auf Japan. Vorher wurden diese Bomben in unbewohnten Gebieten wie hier in der Wüste von Nevada (USA) getestet. Die Bombe erzeugt eine pilzförmige Wolke und stößt gewaltige Mengen radioaktiven Staubs aus, der ebenso gefährlich ist wie die Explosion.

Instabiler Atomkern

Radioaktiver Staub _____

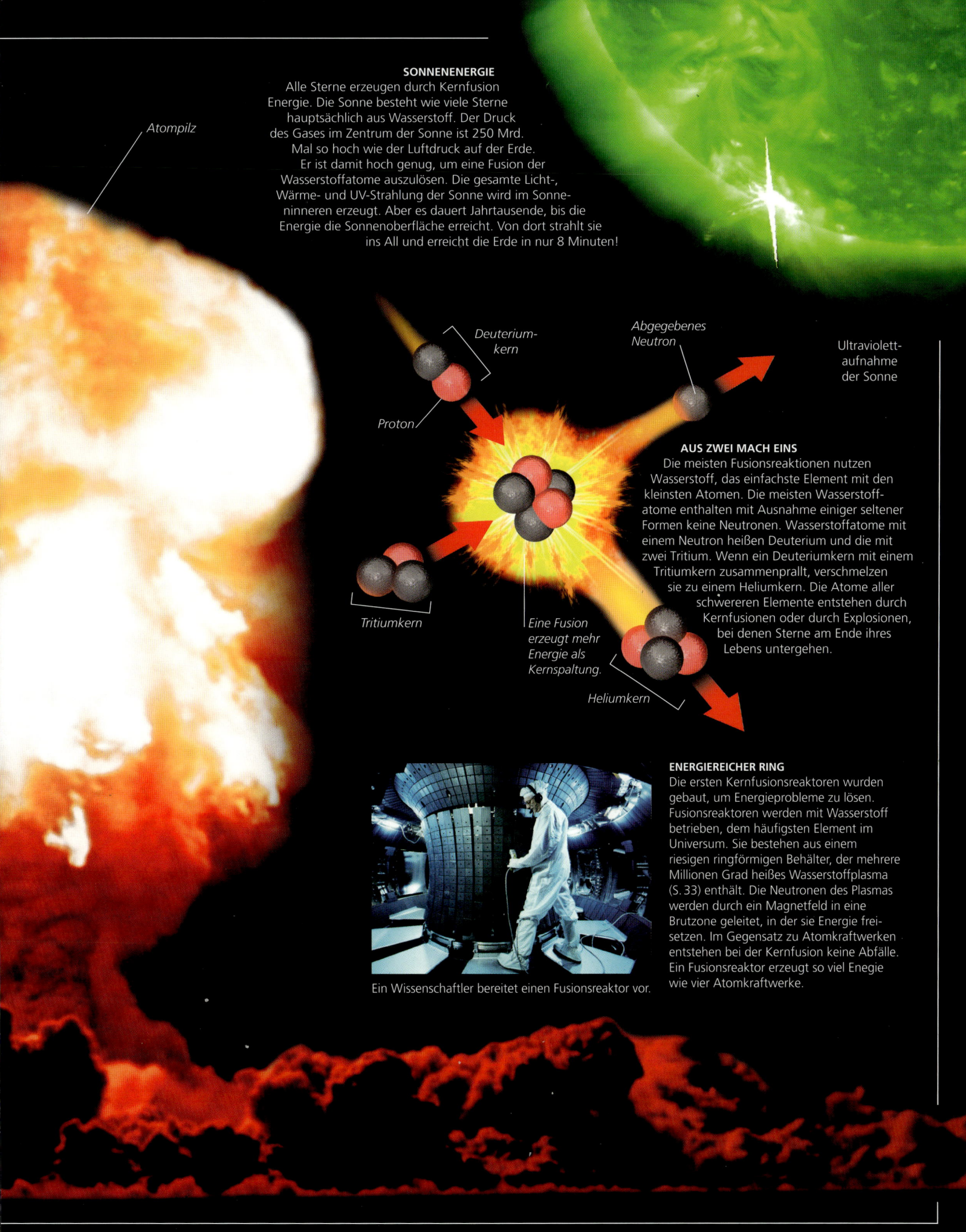

SONNENENERGIE
Alle Sterne erzeugen durch Kernfusion Energie. Die Sonne besteht wie viele Sterne hauptsächlich aus Wasserstoff. Der Druck des Gases im Zentrum der Sonne ist 250 Mrd. Mal so hoch wie der Luftdruck auf der Erde. Er ist damit hoch genug, um eine Fusion der Wasserstoffatome auszulösen. Die gesamte Licht-, Wärme- und UV-Strahlung der Sonne wird im Sonneninneren erzeugt. Aber es dauert Jahrtausende, bis die Energie die Sonnenoberfläche erreicht. Von dort strahlt sie ins All und erreicht die Erde in nur 8 Minuten!

Atompilz

Deuterium-kern

Proton

Abgegebenes Neutron

Ultraviolett-aufnahme der Sonne

Tritiumkern

Eine Fusion erzeugt mehr Energie als Kernspaltung.

Heliumkern

AUS ZWEI MACH EINS
Die meisten Fusionsreaktionen nutzen Wasserstoff, das einfachste Element mit den kleinsten Atomen. Die meisten Wasserstoffatome enthalten mit Ausnahme einiger seltener Formen keine Neutronen. Wasserstoffatome mit einem Neutron heißen Deuterium und die mit zwei Tritium. Wenn ein Deuteriumkern mit einem Tritiumkern zusammenprallt, verschmelzen sie zu einem Heliumkern. Die Atome aller schwereren Elemente entstehen durch Kernfusionen oder durch Explosionen, bei denen Sterne am Ende ihres Lebens untergehen.

ENERGIEREICHER RING
Die ersten Kernfusionsreaktoren wurden gebaut, um Energieprobleme zu lösen. Fusionsreaktoren werden mit Wasserstoff betrieben, dem häufigsten Element im Universum. Sie bestehen aus einem riesigen ringförmigen Behälter, der mehrere Millionen Grad heißes Wasserstoffplasma (S. 33) enthält. Die Neutronen des Plasmas werden durch ein Magnetfeld in eine Brutzone geleitet, in der sie Energie freisetzen. Im Gegensatz zu Atomkraftwerken entstehen bei der Kernfusion keine Abfälle. Ein Fusionsreaktor erzeugt so viel Enegie wie vier Atomkraftwerke.

Ein Wissenschaftler bereitet einen Fusionsreaktor vor.

Chemie des Lebens

Harnstoffmolekül auf einer Briefmarke

Alle Lebewesen wie Bakterien oder Menschen bestehen zum größten Teil aus Wasser. Zusätzlich enthält jeder Organismus rund 60 chemische Elemente in Tausenden verschiedener Verbindungen, den organischen Verbindungen. Die meisten dieser Substanzen bestehen hauptsächlich aus Wasserstoff, Sauerstoff und Kohlenstoff, aber einige enthalten auch Mineralien wie Kupfer, Zink und Jod. Sie haben eine ähnliche Zusammensetzung wie die Bestandteile des Erdöls, das aus den Überresten von Lebewesen entsteht. Die organischen Verbindungen der Lebewesen lassen sich in drei Gruppen einteilen: Zucker (Kohlenhydrate), Fette (Lipide) und Eiweiße (Proteine). Diese Gruppen dienen allen Lebewesen als Bausteine und Energiequelle.

ZUFÄLLIGE ENTDECKUNG

Früher glaubte man, die Substanzen des Körpers enthielten eine geheimnisvolle „Lebenskraft" und würden sich daher nicht im Labor herstellen lassen. Doch 1828 erzeugte der deutsche Chemiker Friedrich Wöhler in seinem Labor zufällig Harnstoff, eine einfache chemische Verbindung des Urins. Das deutete darauf hin, dass Harnstoff und andere Substanzen im lebenden Körper durch chemische Reaktionen entstehen. Diese Entdeckung wird auf der Briefmarke oben gewürdigt.

Energie wird als Licht und Wärme abgegeben.

Eins von zwei Sauerstoffatomen am Ende der Aminosäurekette, aus der das Albuminmolekül besteht

LIPIDE

Lipide werden in mehrere Arten unterteilt. Aus Pflanzen gewinnt man flüssige Fettsäuren wie das Olivenöl. Diese Fettsäuren heben sich dadurch hervor, dass sie eine oder mehrere Doppelbindungen in ihrer Kohlenstoffkette enthalten. Sie sind dadurch beweglicher als Fettsäuren ohne Doppelbindungen und schmelzen bei niedrigeren Temperaturen. Deshalb ist Olivenöl bei Raumtemperatur flüssig. Kerzenwachs besteht aus einer gleich langen Fettsäure ohne Doppelbindung und ist bei Raumtemperatur fest.

Olivenöl

Olive

POWERPROTEINE

Eiweiße (Proteine) sind Verbindungen, die im Körper verschiedene Aufgaben erfüllen. Ein Eiweiß besteht aus Hunderten Molekülen Aminosäuren, die eine lange Kette bilden. Die Form der Proteinkette wird von der Reihenfolge ihrer Aminosäuren bestimmt und spielt eine wichtige Rolle bei ihrer Funktion im Körper. Albumine werden z. B. in der Leber hergestellt und ins Blut abgegeben. Albumine binden Wasser und sorgen dafür, dass trotz aufrechter Haltung ausreichend Wasser in den oberen Gefäßen des Körpers vorhanden ist. Eiweiße dienen als Enzyme als Katalysator bei den meisten chemischen Reaktionen des Körpers.

Brennender Zucker

Fettzelle

FESTER BRENNSTOFF

Zucker, Stärke und Zellulose zählen zu den Kohlenhydraten. Die verschiedenen Zuckerarten sind die einfachsten Kohlenhydrate und dienen dem Körper als Brennstoff. Sie werden in chemischen Reaktionen verarbeitet, um Energie zu erzeugen. Stärke findet man als Hauptbestandteil in Brot, Reis und Kartoffeln. Sie besteht aus zahlreichen Zuckermolekülen und dient als Brennstoffvorrat. Zellulose bildet den Stützapparat des Pflanzengewebes.

FETTVORRÄTE

Weil Fett viel Energie enthält, nutzen manche Tiere es als Nahrungsspeicher. Tiere, die Winterschlaf halten, fressen kurz vor dem Winter zusätzliche Nahrung und speichern einen Teil dieser Nahrung als Fett in den äußeren Zellen des Körpers. Während des Winterschlafs verhindert der Fettvorrat, dass das Tier verhungert. Auch der Mensch speichert Fett, aber zu viel Körperfett schadet dem Herzen und behindert die Blutversorgung.

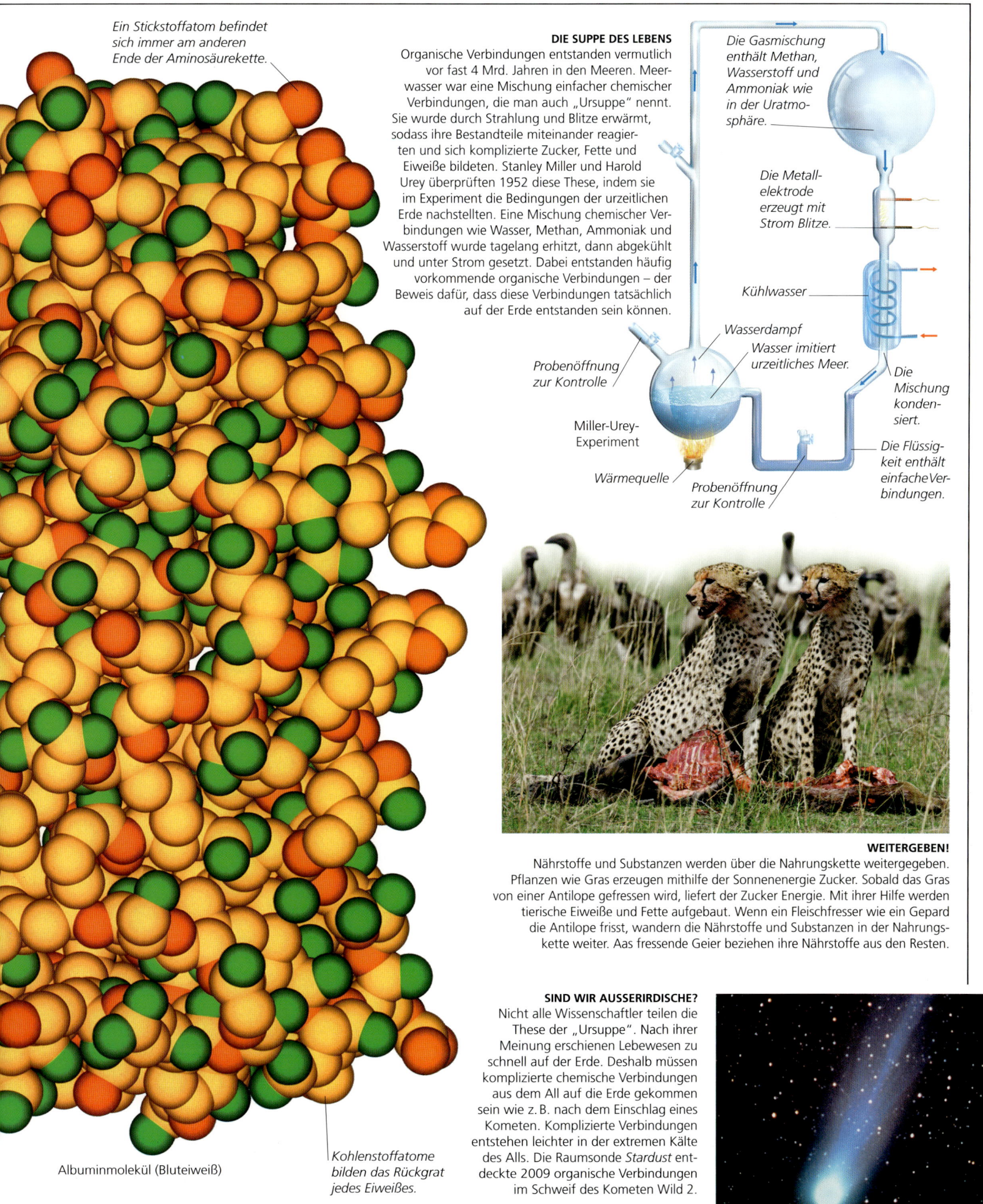

Ein Stickstoffatom befindet sich immer am anderen Ende der Aminosäurekette.

DIE SUPPE DES LEBENS

Organische Verbindungen entstanden vermutlich vor fast 4 Mrd. Jahren in den Meeren. Meerwasser war eine Mischung einfacher chemischer Verbindungen, die man auch „Ursuppe" nennt. Sie wurde durch Strahlung und Blitze erwärmt, sodass ihre Bestandteile miteinander reagierten und sich komplizierte Zucker, Fette und Eiweiße bildeten. Stanley Miller und Harold Urey überprüften 1952 diese These, indem sie im Experiment die Bedingungen der urzeitlichen Erde nachstellten. Eine Mischung chemischer Verbindungen wie Wasser, Methan, Ammoniak und Wasserstoff wurde tagelang erhitzt, dann abgekühlt und unter Strom gesetzt. Dabei entstanden häufig vorkommende organische Verbindungen – der Beweis dafür, dass diese Verbindungen tatsächlich auf der Erde entstanden sein können.

Die Gasmischung enthält Methan, Wasserstoff und Ammoniak wie in der Uratmosphäre.

Die Metallelektrode erzeugt mit Strom Blitze.

Kühlwasser

Probenöffnung zur Kontrolle

Wasserdampf

Wasser imitiert urzeitliches Meer.

Die Mischung kondensiert.

Miller-Urey-Experiment

Wärmequelle

Probenöffnung zur Kontrolle

Die Flüssigkeit enthält einfache Verbindungen.

WEITERGEBEN!

Nährstoffe und Substanzen werden über die Nahrungskette weitergegeben. Pflanzen wie Gras erzeugen mithilfe der Sonnenenergie Zucker. Sobald das Gras von einer Antilope gefressen wird, liefert der Zucker Energie. Mit ihrer Hilfe werden tierische Eiweiße und Fette aufgebaut. Wenn ein Fleischfresser wie ein Gepard die Antilope frisst, wandern die Nährstoffe und Substanzen in der Nahrungskette weiter. Aas fressende Geier beziehen ihre Nährstoffe aus den Resten.

SIND WIR AUSSERIRDISCHE?

Nicht alle Wissenschaftler teilen die These der „Ursuppe". Nach ihrer Meinung erschienen Lebewesen zu schnell auf der Erde. Deshalb müssen komplizierte chemische Verbindungen aus dem All auf die Erde gekommen sein wie z. B. nach dem Einschlag eines Kometen. Komplizierte Verbindungen entstehen leichter in der extremen Kälte des Alls. Die Raumsonde *Stardust* entdeckte 2009 organische Verbindungen im Schweif des Kometen Wild 2.

Albuminmolekül (Bluteiweiß)

Kohlenstoffatome bilden das Rückgrat jedes Eiweißes.

Die Doppelhelix

Der Körper eines Lebewesens besteht aus Zellen und wächst nach den Anweisungen in diesen Zellen, die in Genen gespeichert sind. Die Gene jedes Lebewesens sind als Code in der Substanz Desoxyribonukleinsäure (DNA) enthalten. Jede Zelle besitzt einen vollständigen DNA-Satz. Schon vor über 100 Jahren erkannten Wissenschaftler, dass jede Lebensform Gene von seinen Eltern erbt. Daher sehen Kinder als Erwachsene Mutter und Vater ähnlich. Niemand wusste jedoch, wie die Anweisungen weitergegeben werden. Erst um 1950 wurde das Geheimnis des DNA-Codes gelüftete. Das Fachgebiet, das sich mit der Funktionsweise der DNA und der Weitergabe von Genen beschäftigt, ist die Genetik.

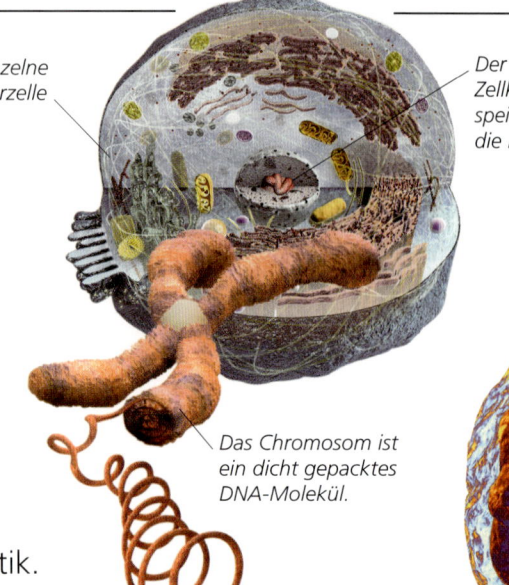
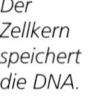

Einzelne Tierzelle

Der Zellkern speichert die DNA.

Das Chromosom ist ein dicht gepacktes DNA-Molekül.

Der DNA-Strang ist aufgewickelt und zu einem Chromosom verdichtet.

Eiweiße (Histone) ermöglichen ein effektives Aufwickeln der DNA.

VERDREHTE SUBSTANZ

Das DNA-Molekül ist eine Kette aus Tausenden kleinerer Moleküle. Diese Moleküle bestehen aus dem Zucker Ribose und einem von vier stickstoffhaltigen Molekülen, den Basen. 1953 zeigten Francis Crick und James Watson im Modell, wie die Bestandteile verknüpft sind. Sie fanden heraus, dass die DNA wie eine verdrehte Leiter oder „Doppelhelix" geformt ist. Die beiden Holme der Helix (Spirale) bilden Stränge aus Ribosemolekülen, während die Basenpaare die Sprossen bilden.

LEITERCODE

Die DNA ist in den Sprossen des DNA-Moleküls gespeichert, die aus den vier Basen Adenin, Thymin, Guanin und Cytosin (abgekürzt mit A, T, G und C) bestehen. In jedem DNA-Molekül verbindet sich A stets mit T und G nur mit C. Die Reihenfolge der Basen eines DNA-Moleküls ist immer unterschiedlich und bildet den genetischen Code. Die menschliche DNA enthält 3 Mrd. Basenpaare. Sie wäre ausgebreitet etwa 3 m lang. Sie ist aber aber viel zu dünn, um sichtbar zu sein. Die langen DNA-Stränge sind in kompakten Strukturen verknäult, den Chromosomen. Sie befinden sich im Zellkern jeder lebenden Zelle.

VOM GEN ZUM EIWEISS

Der DNA-Code stellt Anweisungen zur Herstellung der Eiweiße (S. 48) dar. Dieser Code ist in bestimmten Abschnitten des DNA-Strangs enthalten, den Genen. Jedes Gen produziert ein anderes Eiweiß. Der ATGC-Code speichert die Reihenfolge der Aminosäuren, um das Eiweiß herzustellen. Braucht die Zelle ein Eiweiß, öffnet sie die Doppelhelix. Dabei trennen sich die Basenpaare und bilden einen einzelnen Basenstrang. Seine Abfolge wird von der Zelle dann gelesen, kopiert und in das benötigte Eiweiß übersetzt.

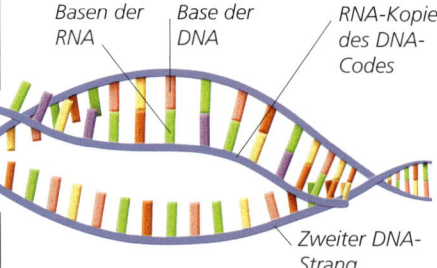

Basen der RNA

Base der DNA

RNA-Kopie des DNA-Codes

Zweiter DNA-Strang

Basen der tRNA

Drei Basen der RNA

Aminosäure der tRNA

Aminosäurekette

Die tRNA gibt die Aminosäure frei.

1 KOPIEREN DES CODES

Beim Öffnen wird die DNA-Basenfolge freigelegt. Ein verwandtes Molekül, die Ribonukleinsäure (RNA), enthält ebenfalls vier Basen. Die RNA bindet nach der A-T/G-C-Regel mit dem freigelegten DNA-Strang. So entsteht eine RNA-Kopie der DNA-Reihenfolge.

2 TRANSLATION

Der RNA-Code (mRNA) wird nun mithilfe einer anderen RNA, der Transfer-RNA (tRNA), in ein Eiweiß übersetzt. Jedes tRNA-Molekül trägt eine Aminosäure und besitzt eine bestimmte Reihenfolge aus drei Basen. Die Basen an der tRNA binden an die passende Basenfolge an der mRNA.

3 EIWEISSHERSTELLUNG

Aufgrund der Basenfolge der mRNA ordnen sich die tRNA-Moleküle in einer bestimmten Reihenfolge an. Dabei bringen sie ihre Aminosäuren an die richtigen Stellen, um das gewünschte Eiweiß herzustellen. Die Aminosäuren verbinden sich zu dem Eiweiß, das von diesem Gen codiert wird. Jedes Eiweiß erfüllt eine wichtige Funktion im Körper.

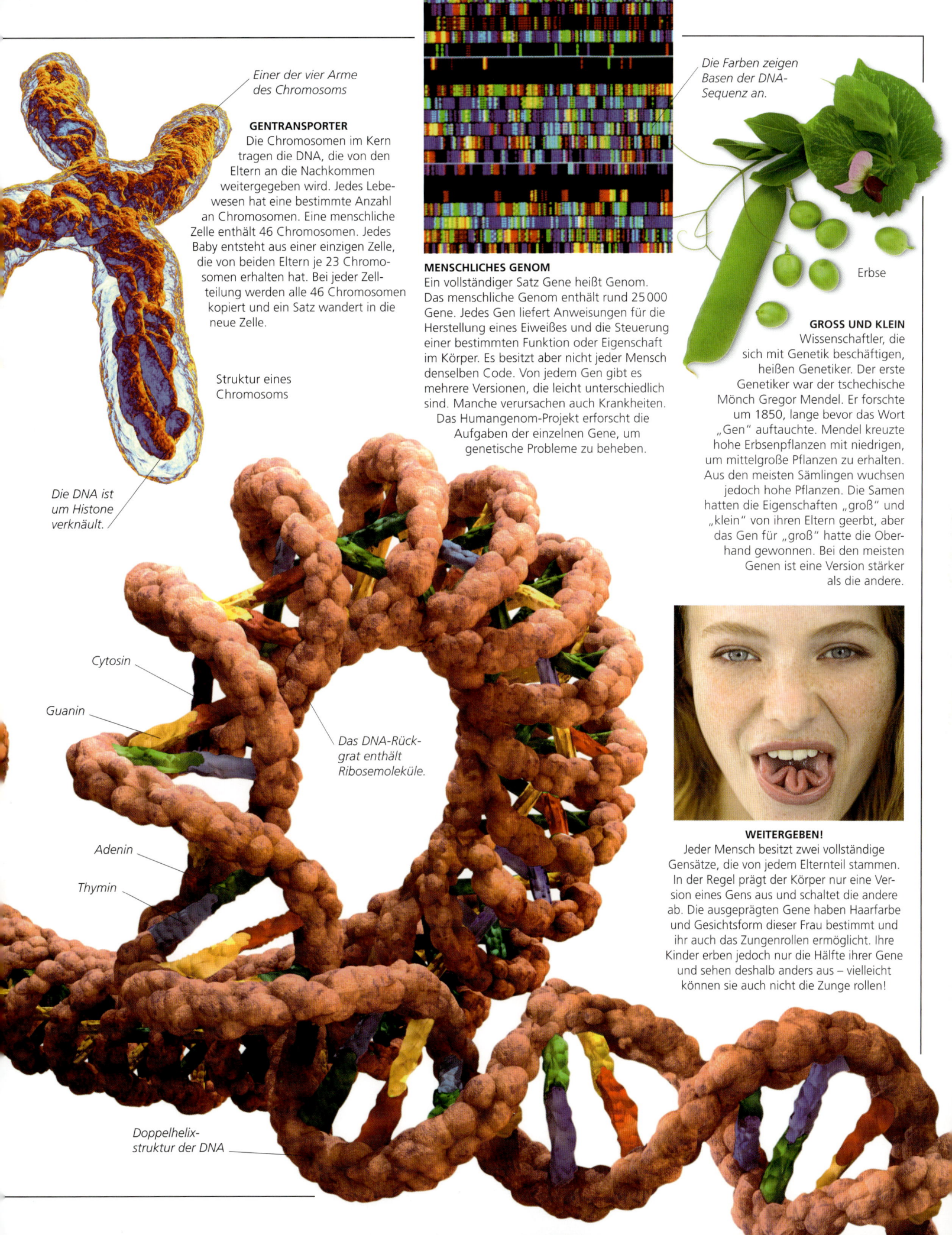

Einer der vier Arme des Chromosoms

GENTRANSPORTER

Die Chromosomen im Kern tragen die DNA, die von den Eltern an die Nachkommen weitergegeben wird. Jedes Lebewesen hat eine bestimmte Anzahl an Chromosomen. Eine menschliche Zelle enthält 46 Chromosomen. Jedes Baby entsteht aus einer einzigen Zelle, die von beiden Eltern je 23 Chromosomen erhalten hat. Bei jeder Zellteilung werden alle 46 Chromosomen kopiert und ein Satz wandert in die neue Zelle.

Struktur eines Chromosoms

Die DNA ist um Histone verknäult.

Die Farben zeigen Basen der DNA-Sequenz an.

MENSCHLICHES GENOM

Ein vollständiger Satz Gene heißt Genom. Das menschliche Genom enthält rund 25 000 Gene. Jedes Gen liefert Anweisungen für die Herstellung eines Eiweißes und die Steuerung einer bestimmten Funktion oder Eigenschaft im Körper. Es besitzt aber nicht jeder Mensch denselben Code. Von jedem Gen gibt es mehrere Versionen, die leicht unterschiedlich sind. Manche verursachen auch Krankheiten. Das Humangenom-Projekt erforscht die Aufgaben der einzelnen Gene, um genetische Probleme zu beheben.

Erbse

GROSS UND KLEIN

Wissenschaftler, die sich mit Genetik beschäftigen, heißen Genetiker. Der erste Genetiker war der tschechische Mönch Gregor Mendel. Er forschte um 1850, lange bevor das Wort „Gen" auftauchte. Mendel kreuzte hohe Erbsenpflanzen mit niedrigen, um mittelgroße Pflanzen zu erhalten. Aus den meisten Sämlingen wuchsen jedoch hohe Pflanzen. Die Samen hatten die Eigenschaften „groß" und „klein" von ihren Eltern geerbt, aber das Gen für „groß" hatte die Oberhand gewonnen. Bei den meisten Genen ist eine Version stärker als die andere.

Cytosin

Guanin

Das DNA-Rückgrat enthält Ribosemoleküle.

Adenin

Thymin

WEITERGEBEN!

Jeder Mensch besitzt zwei vollständige Gensätze, die von jedem Elternteil stammen. In der Regel prägt der Körper nur eine Version eines Gens aus und schaltet die andere ab. Die ausgeprägten Gene haben Haarfarbe und Gesichtsform dieser Frau bestimmt und ihr auch das Zungenrollen ermöglicht. Ihre Kinder erben jedoch nur die Hälfte ihrer Gene und sehen deshalb anders aus – vielleicht können sie auch nicht die Zunge rollen!

Doppelhelixstruktur der DNA

Evolution

Jede Zelle eines Organismus trägt seine DNA in sich. Bei der Teilung kopiert die Zelle die DNA. Dabei kommt es häufig zu Fehlern, die den Code verändern. Diese Fehler werden Mutationen genannt und sind überwiegend harmlos. Einige können jedoch große Probleme verursachen und sogar zum Tod führen. Manchmal hat ein Organismus wegen einer Mutation aber bessere Chancen zu überleben und sich fortzupflanzen als andere seiner Art (Gruppe ähnlicher Organismen, die sich untereinander paaren). Solche Organismen geben ihre Mutation an einige Nachkommen weiter, die dann ebenfalls höhere Überlebenschancen haben. Dieser Veränderungsprozess heißt Evolution. Über Jahrmillionen ermöglichten viele kleine Mutationen den Arten, sich zu den modernen Lebensformen zu entwickeln.

ANPASSUNG

Der britische Naturforscher Charles Darwin erkannte, wie die Evolution Aussehen und Lebensweise der Arten verändert. Einige Mitglieder einer Art waren besser an ihre Umgebung ange-passt und konnten sich fortpflanzen. Die Nachkommen dieser Tiere über-lebten, während die der Schwächeren ausstarben. Nach Darwin konnten sich durch diese „natürliche Auslese" über viele Jahrtausende auch neue Arten entwickeln.

NATÜRLICHE AUSLESE

Der Rauch der Fabriken veränderte im 19. Jh. die Umgebung britischer Städte. Damit bot sich die Gelegenheit, die natürliche Auslese zu beobachten. Der Birkenspanner tarnt sich mit seinen gefleckten Flügeln besonders gut auf schwarz-weißen Birken-stämmen. Durch den Rauch wurde die Rinde dunkler, sodass die meisten Birkenspanner nicht mehr getarnt waren und leicht Opfer ihrer Feinde wurden. Einige Falter hatten jedoch braune Flügel und überlebten eher. Durch natürliche Auslese wurde der britische Birkenspanner nach und nach dunkler.

Helle, gefleckte Form des Birkenspanners

Zwischenform des Birkenspanners

Dunkle Form des Birkenspanners

ENTSTEHUNG DER ARTEN

Neue Arten entstehen, wenn Gruppen einer Art getrennt werden und sich durch natürliche Aus-lese unterschiedlich verändern. Das geschah mit asiatischen Makaken, die auf den japanischen Inseln vom Rest ihrer Art getrennt wurden. Die Gruppen entwickelten sich durch Anpassung an verschiedene Bedingungen zu unterschiedlichen Arten. Aus der japanischen Art wurden die an eiskalte japanische Winter angepassten Schneeaffen. Anders als ihre Verwandten in wärmeren Teilen Asiens bekommen Schneeaffen ein dickes Winterfell und wandern nach Süden, um der schlimmsten Kälte zu entgehen.

EVOLUTION

Jede heutige Lebensform auf der Erde hat sich über Jahrmillionen aus Vorfahren entwickelt, die ganz anders aussahen. Der Vorfahre der Elefanten hieß *Moeritherium* und lebte vor 37 Mio. Jahren. *Moeritherium* bewohnte Sümpfe und ähnelte eher einem Flusspferd als einem Elefanten. Als sich die Umwelt veränderte, entwickelte sich die Art durch natürliche Auslese zu anderen Arten weiter, die in der neuen Umgebung besser überleben konnten.

Gomphotherium (vor 23 Mio. Jahren) war 3 m hoch und suchte mit Stoßzähnen und Rüssel im Schlamm nach Nahrung.

Phioma (vor 33 Mio. Jahren) war 2,5 m hoch und suchte mit Stoß-zähnen und Schnauze im Boden nach Nahrung.

Moeritherium (vor 37 Mio. Jahren) war 70 cm hoch und pflückte mit seiner Schnauze Sumpfpflanzen.

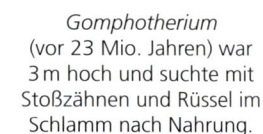

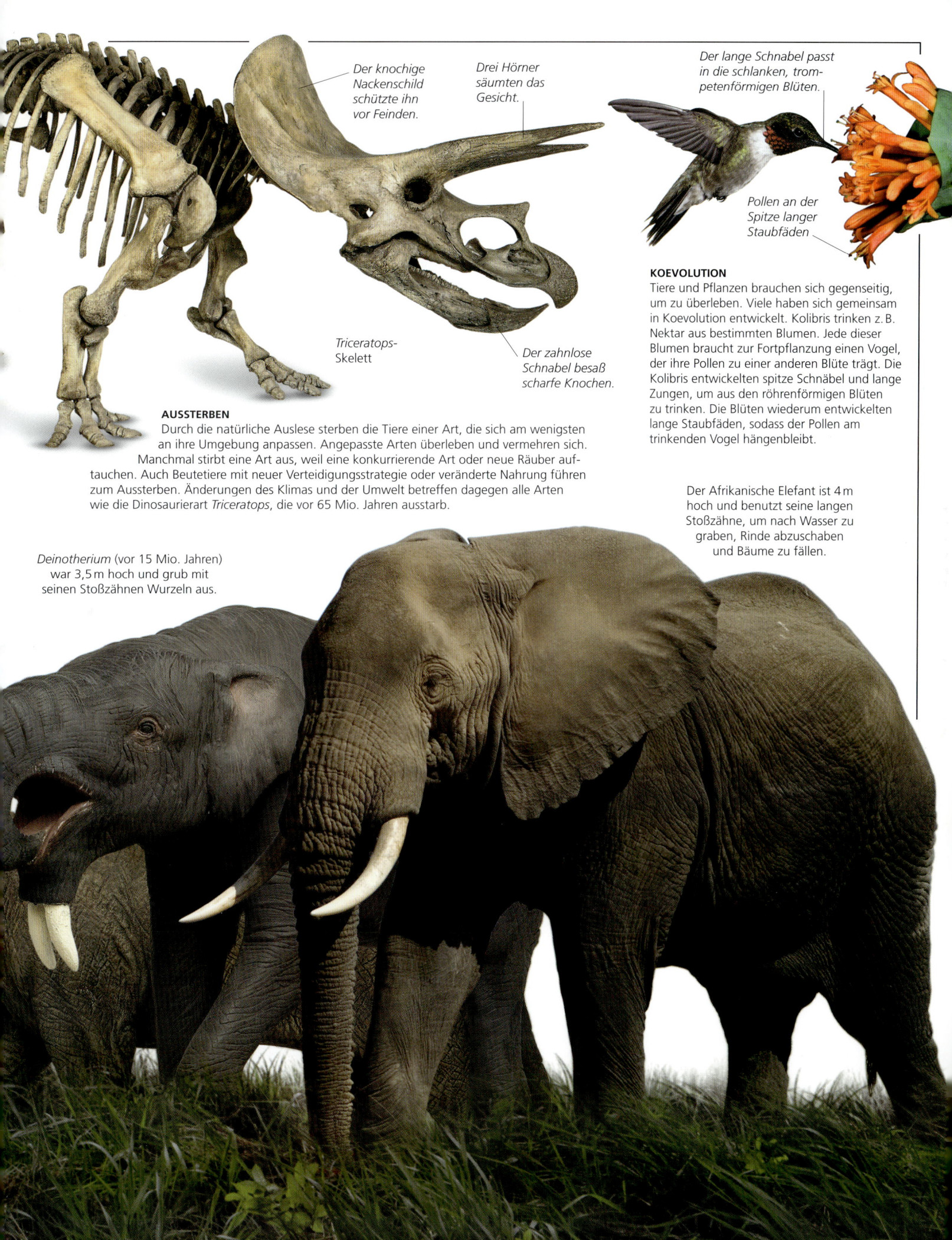

Der knochige
Nackenschild
schützte ihn
vor Feinden.

Drei Hörner
säumten das
Gesicht.

Der lange Schnabel passt
in die schlanken, trom-
petenförmigen Blüten.

Pollen an der
Spitze langer
Staubfäden

Triceratops-
Skelett

Der zahnlose
Schnabel besaß
scharfe Knochen.

KOEVOLUTION

Tiere und Pflanzen brauchen sich gegenseitig,
um zu überleben. Viele haben sich gemeinsam
in Koevolution entwickelt. Kolibris trinken z. B.
Nektar aus bestimmten Blumen. Jede dieser
Blumen braucht zur Fortpflanzung einen Vogel,
der ihre Pollen zu einer anderen Blüte trägt. Die
Kolibris entwickelten spitze Schnäbel und lange
Zungen, um aus den röhrenförmigen Blüten
zu trinken. Die Blüten wiederum entwickelten
lange Staubfäden, sodass der Pollen am
trinkenden Vogel hängenbleibt.

AUSSTERBEN

Durch die natürliche Auslese sterben die Tiere einer Art, die sich am wenigsten
an ihre Umgebung anpassen. Angepasste Arten überleben und vermehren sich.
Manchmal stirbt eine Art aus, weil eine konkurrierende Art oder neue Räuber auftauchen. Auch Beutetiere mit neuer Verteidigungsstrategie oder veränderte Nahrung führen
zum Aussterben. Änderungen des Klimas und der Umwelt betreffen dagegen alle Arten
wie die Dinosaurierart Triceratops, die vor 65 Mio. Jahren ausstarb.

Der Afrikanische Elefant ist 4 m
hoch und benutzt seine langen
Stoßzähne, um nach Wasser zu
graben, Rinde abzuschaben
und Bäume zu fällen.

Deinotherium (vor 15 Mio. Jahren)
war 3,5 m hoch und grub mit
seinen Stoßzähnen Wurzeln aus.

Die Zelle

Zellen sind die Grundbausteine jedes Lebewesens. Der Körper eines erwachsenen Menschen enthält rund 100 Billionen Zellen, einfache Würmer dagegen nur ein paar Tausend. Bei Amöben und Bakterien besteht der Körper aus einer einzigen Zelle. In größeren Organismen sind die Zellen nicht identisch, weil sie auf unterschiedliche Funktionen spezialisiert sind. Nervenzellen sehen aus wie lange Kabel und übertragen Informationen, während Knochenzellen von festen Mineralstoffen umgeben sind und das Skelett hart machen. Unabhängig von ihrer Form und Größe ist jede Zelle von einer dünnen Hülle umgeben, der Zellmembran, die aus Lipidmolekülen besteht. Im Zellinneren befindet sich das flüssige Zytoplasma. Die Zellmembran reguliert den Übergang von Substanzen in das und aus dem Zytoplasma. Jede Zelle ist damit eine kleine Welt für sich.

Die Vakuole ist ein Speicherbläschen und gibt Substanzen ab, indem es mit der Zellmembran verschmilzt.

Mikrotubuli bilden das Skelett der Zelle.

WINZIGER RAUM

Der Wissenschaftler Robert Hooke prägte im 17. Jh. den Begriff „Zelle". Er gehörte zu den Ersten, die Tiere und Pflanzen durch ein Mikroskop betrachteten. Hooke fertigte detaillierte Zeichnungen seiner Beobachtungen an. Die kleinen Einheiten, aus denen offenbar alle Pflanzen und Tiere bestanden, erinnerten ihn an Mönchszellen.

DAS INNENLEBEN EINER ZELLE

Zellen sind viel mehr als „Beutel" mit Flüssigkeit. Das Zytoplasma in ihrem Inneren enthält zahlreiche kleinere Strukturen aus Membranen, die zu Röhren und Blasen gefaltet sind. Diese Strukturen heißen Organellen und bilden den Mechanismus, der die Zelle am Leben hält und sie ihre Funktion erfüllen lässt. Die größte Organelle ist der Zellkern oder Nukleus, in dem sich die DNA befindet. Das endoplasmatische Retikulum stellt Proteine und Lipide her (S. 48–49) und die Lysosomen enthalten Enzyme (spezialisierte Proteine), die Substanzen verdauen. Die Mitochondrien sind die Kraftwerke der Zelle. Sie erzeugen aus Zucker Energie, mit der sie die Zelle versorgen (S. 57). Die Organellen, von denen jede eine spezielle Funktion erfüllt, entstanden wahrscheinlich in Bakterien, die sich andere einzellige Mikroorganismen einverleibt haben.

Rote Blutkörperchen unter dem Rasterelektronenmikroskop

Das Zytoplasma besteht überwiegend aus Wasser und gelösten Mineralien.

ZU KLEIN

Die meisten Zellen im Körper sind so klein, dass man sie ohne Mikroskop nicht sieht. Auf den Punkt am Ende dieses Satzes passen etwa 30 Zellen nebeneinander. Wissenschaftler untersuchen die Zellen mithilfe von Lichtmikroskopen, die das Licht durch Linsen bündeln und so Bilder erzeugen. Einzelheiten werden jedoch erst durch einen Elektronenstrahl im Elektronenmikroskop sichtbar. Um die dreidimensionale Struktur einer Zelle wie bei diesen roten Blutkörperchen zu betrachten, verwenden Biologen ein besonderes Mikroskop, das Rasterelektronenmikroskop.

Lysosome enthalten Enzyme, die Substanzen verdauen und abbauen.

Das endoplasmatische Retikulum transportiert auch Proteine in den Golgi-Apparat.

Die Mitochondrien verarbeiten Zucker wie Glukose, um die Zelle mit Energie zu versorgen.

Der Golgi-Apparat transportiert Substanzen aus der Zelle.

Der Zellkern speichert die DNA und hat eine eigene Doppelmembran.

Bakterienkultur

Nährstoffgel

UNSICHTBARE KEIME
Eine Bakterie ist eine einzellige Lebensform, die mehrere Hundert Mal kleiner ist als jede tierische oder pflanzliche Zelle und die man mit bloßem Auge nicht sieht. Auf der Haut und im Darm eines Menschen leben 10-mal mehr Bakterien, als es Zellen im Körper gibt. Um Bakterien zu untersuchen, züchten Mikrobiologen sie in Schalen auf einem Nährgel. Einige Bakterien verursachen zwar Krankheiten, die meisten aber sind harmlos.

RIESENZELLE
Jedes Lebewesen entsteht aus einer einzelnen Zelle. Bis zur Befruchtung enthalten Vogeleier nur eine Zelle mit Nährstoffen, die ein Küken zum Wachsen braucht. Die Eizelle eines Huhns ist groß im Vergleich zur menschlichen Zelle, doch die größte Zelle ist das Straußenei. Es wiegt 1,5 kg und ist 1 Billion Mal schwerer als ein menschliches rotes Blutkörperchen.

Straußenei

Hühnerei

EINGEMAUERT
Tiere und Pflanzen unterscheiden sich sehr stark in ihrer Lebensweise und deshalb sind auch ihre Zellen ganz verschieden. Tierische Zellen sind oft flexibel und formlos. Pflanzenzellen dagegen werden von einer steifen Wand um die Zellmembran in Form gehalten. Diese Zellwand besteht aus dem Kohlenhydrat Zellulose, durch das die Pflanze aufrecht stehen kann. Durch die Zellulose wird auch grünes Gemüse knackig.

GEWEBEARTEN
Körpergewebe wie Bindegewebe ist ein Verband aus gleichartigen Zellen. Der menschliche Körper besitzt vier verschiedene Gewebearten. Ein Organ wie das Herz besteht z. B. aus Muskel-, Binde- und Epithelgewebe. Ein Schwamm ist dagegen ein primitives Tier, das keine Organe oder Gewebe besitzt. Seinen Körper bauen nur wenige verschiedene Zellarten auf. Geißelzellen erzeugen mit ihren Flimmerhärchen einen Wasserstrom und filtern Nahrung aus dem Wasser. Amöboidzellen verteilen mit ihren Scheinfüßchen die Nahrung. Pinacocyten bilden die plattenförmige Deckschicht (Epithel) der Schwämme.

Lebensenergie

Pflanzen und Tiere sind wie lebendige Maschinen. Jede Maschine braucht eine Energiequelle und Lebewesen bilden da keine Ausnahme. Tiere beziehen ihre Energie aus der Nahrung. Sie enthält nützliche Fette und Proteine für den Aufbau neuer Zellen (S. 48) und Zucker, aus dem sie Energie gewinnen. Jede Tierzelle wandelt Zucker in einem chemischen Prozess um, den man Atmung nennt. Auch Pflanzenzellen verbrauchen Zucker, aber im Gegensatz zu Tieren erzeugen sie selbst Zucker aus der Sonnenenergie. Dieser Vorgang der Energieumwandlung heißt Fotosynthese.

*Sonnen-
licht*

Innere Membran

Äußere Membran

*Thylakoide –
Membran der
Chloroplasten*

*Stroma
umgibt die
Thylakoide.*

Chloroplast

*Glukose
wird in den
Pflanzen-
körper
abgegeben.*

*Wasser steigt
aus den Wurzeln
in die Blätter.*

*Sauerstoff entweicht
aus der Pflanze
in die Luft.*

*Kohlenstoffdioxid
gelangt aus der
Luft in die Pflanze.*

LICHTFALLE
Die Fotosynthese findet in den Chloroplasten statt, die in den meisten Blattzellen und in allen anderen grünen Pflanzenteilen sitzen. Die grüne Farbe verdanken sie der Substanz Chlorophyll, das auf Licht reagiert. Fällt Sonnenlicht auf ein Molekül Chlorophyll, löst die Energie eine komplizierte Serie chemischer Reaktionen aus. In ihnen werden aus der Sonnenenergie energiereiche Verbindungen erzeugt, die anschließend in das Stroma wandern. Dort werden in einer weiteren Reaktion mithilfe der gespeicherten Energie Wasser und Kohlendioxid in den Zucker Glukose umgewandelt.

PFLANZENENERGIE
Pflanzen beziehen ihre Energie von der Sonne. Die Blätter arbeiten wie Sonnenkollektoren, die Energie aus dem Sonnenlicht einfangen. Dabei absorbieren sie seinen roten und blauen Anteil. Den grünen Anteil reflektieren sie, deshalb erscheinen Pflanzen auch grün. Das eingefangene Sonnenlicht setzt die Fotosynthese in Gang. Dieser Begriff bedeutet „mit Licht herstellen". Bei der Fotosynthese wird Wasser aus den Pflanzenwurzeln mit Kohlendioxid (CO_2) aus der Luft verbunden. Sechs CO_2-Moleküle reagieren mit sechs Wassermolekülen zu einem Glukosemolekül – dem Zucker, der alle Lebewesen mit Energie versorgt. Als Abfallprodukt entsteht Sauerstoff, der in die Luft abgegeben wird.

ENERGIEPYRAMIDE
Mithilfe der Fotosynthese versorgt das Sonnenlicht Tiere und Pflanzen mit Energie. Ohne die Fotosynthese können Tiere nicht existieren. Die Glukose, die Tieren Energie liefert, stammt entweder direkt aus der Pflanze oder von Tieren, die Pflanzen fressen. Auf diese Weise wandert die Energie, die von den Pflanzen eingefangen und zu Glukose verarbeitet wird, von einem Organismus zum anderen und bildet eine Nahrungs- und Energiekette. Mit jedem Kettenglied geht ein Teil dieser Energie verloren, die verbraucht und als Wärme freigesetzt wird. Daher existieren am oberen Ende der Nahrungskette weniger Organismen als am unteren.

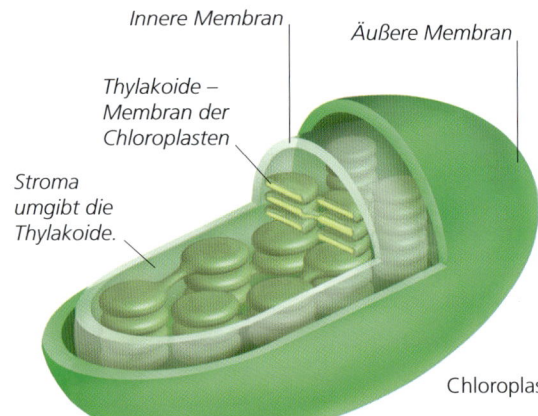

*Pflanzenfresser nehmen
nur 10 % der Energie
auf, die Pflanzen ein-
gefangen haben.*

*Das Pflanzenwachstum wird
vom Sonnenlicht angetrieben.*

Ein Tier gibt beim Ausatmen Kohlendioxid und Wasserdampf ab.

Äußere Membran

Innere Membran mit Enzymen

Glukose, Wasser und Kohlendioxid befinden sich zwischen den Membranen.

Mitochondrium

Falten vergrößern die Oberfläche der inneren Membran.

EINATMEN, AUSATMEN

Die Atmung ist das Gegenteil der Fotosynthese. Eine Zelle verbraucht Sauerstoff, um Glukose in Wasser und Kohlenstoffdioxid zu spalten. Dabei setzt sie Energie frei. Pflanzen beziehen den Sauerstoff direkt aus der Umgebungsluft. Landtiere wie Pferde atmen Sauerstoff über die Lungen, die meisten Wassertiere filtern ihn mithilfe ihrer Kiemen aus dem Wasser. In beiden Fällen geht der Sauerstoff ins Blut über und wird zu den Zellen transportiert. Als Abfallprodukt entsteht Kohlendioxid, das vom Blut in die Lungen oder Kiemen zurücktransportiert wird, wo es vom Körper ausgeatmet wird.

Fleischfresser erhalten nur 10% der Energie, die ihre Beute aufgenommen hat.

KRAFTWERK

Die Atmung findet in den Mitochondrien statt. Jede Zelle besitzt mehrere Mitochrondrien und besonders aktive wie Muskelzellen haben sogar Dutzende. Ein Mitochondrium verbrennt Glukose mit anderen chemischen Reaktionen als ein Automotor Benzin. Diese Reaktionen werden von Enzymen gesteuert, die an Membranen im Inneren des Mitochondriums sitzen. Die Membranen sind eng gefaltet, damit sie möglichst viele Enzyme enthalten. Mit der freigesetzten Energie wird ATP hergestellt, ein kompliziertes Molekül mit drei Phosphoratomen. Bei Bedarf geben die ATP-Moleküle eine Phosphoreinheit ab und liefern damit chemische Energie, mit der andere Reaktionen ablaufen.

Das Rührwerk mischt das Wasser, um die Temperatur konstant zu halten.

Reiner Sauerstoff wird in den Ofen gepumpt.

Stromzufuhr für das Heizelement

Thermometer

Isolierschicht

Der innere Ofen (Bombe) ist nach außen hermetisch abgeschlossen.

Der Wärmeaustauscher gibt Wärme an Wasser ab.

Das Wasser wird erhitzt.

ENERGIE MESSEN

Lebensmittelwissenschaftler messen die Kalorien (Energiemenge) der Nahrung mithilfe eines ofenähnlichen Kalorimeters. Im Inneren verbrennt eine Lebensmittelprobe in reinem Sauerstoff. Die freigesetzte Hitze erwärmt einen Wassermantel um den Ofen. Kalorienreiche Nahrungsmittel erhitzen das Wasser stärker als kalorienarme. Mithilfe des Temperaturanstiegs wird der Kaloriengehalt berechnet. Süße, zuckerhaltige Lebensmittel haben viele Kalorien, aber fettiges Essen enthält die meiste Energie. Viele Tiere speichern Fett im Körper und wandeln es in Zucker um, wenn die Nahrung knapp wird.

Lebensmittelprobe

Elektrisches Heizelement

Hitzefester Behälter

Zeit und Raum

Die Wissenschaft möchte Naturgesetze entdecken, die das Verhalten des Universums erklären. Früher nahm man an, dass man die Auswirkungen der Kräfte nur mithilfe der Newtonschen Gesetze (S. 16) voraussagen kann. Doch bald erkannten Astronomen, dass Newtons Gesetze nur annähernd korrekt sind und bei sehr großen Kräften und Geschwindigkeiten nicht gut funktionieren. Albert Einstein eröffnete mit seiner Relativitätstheorie eine neue Sichtweise auf das Universum. Danach sind Zeit und Raum nicht konstant wie bei Newton. Bewegung und Schwerkraft krümmen und dehnen Zeit und Raum. Doch die Auswirkungen sind in der Regel zu gering, um sie auf der Erde zu bemerken. Diese Sicht des Universums ist verwirrend. Sie hilft uns aber zu verstehen, wie das Universum entstanden sein könnte und wie es endet.

Licht wird von einem 9 km entfernten Spiegel gerade reflektiert.

Der Lichtstrahl fällt durch die Lücken zwischen den Zähnen.

Das Zahnrad blockiert mit dem nächsten Zahn den reflektierten Strahl.

Der Lichtstrahl wird zurückgeworfen.

Lampe (Lichtquelle)

LICHTGESCHWINDIGKEIT

Licht scheint sich ohne Zeitverzögerung fortzupflanzen, weil die Bewegung für das Auge viel zu schnell ist. 1849 versuchte der französische Physiker Hippolyte Fizeau, die Geschwindigkeit zu bestimmen. Er beleuchtete einen 9 km entfernten Spiegel und lenkte den Lichtstrahl dabei durch die Zähne eines sich drehenden Zahnrads. Fizeau drehte das Zahnrad immer schneller. Aber auch eine schnellere Drehung verhinderte nicht, dass Licht durch eine der Lücken fiel. Bei einer bestimmten Geschwindigkeit jedoch wurde das zurückgeworfene Licht schwächer. Einige Lichtstrahlen wurden durch die Zähne blockiert. Fizeau wusste, wie schnell sich das Zahnrad dreht, und errechnete die Lichtgeschwindigkeit. Das Licht brauchte nur wenige Millionstel einer Sekunde, um die 18 km lange Strecke zu überwinden – sie betrug etwa 300 000 km pro Sekunde. Der Wert entsprach fast aktuellen Messungen.

Ein Beobachter sieht den reflektierten Lichtstrahl.

Der Spiegel lässt nur senkrechte Lichtstrahlen hindurch.

DAS GEHEIMNIS DER LICHTGESCHWINDIGKEIT

Albert Einstein fragte sich, ob Licht von einem Objekt in schneller Bewegung wie einem Auto sich schneller fortpflanzt als Licht einer Straßenlampe. Niemand fand einen Unterschied in der Lichtgeschwindigkeit aus beweglichen Quellen. Das Licht eines herannahenden Autos erreicht einen Fahrer auf der Gegenseite mit derselben Geschwindigkeit, mit der es das Licht in der Gegenrichtung verlässt. Um diesen Widerspruch zu lösen, stellte Einstein eine verblüffende These auf. Zeit und Raum ändern sich, während die Lichtgeschwindigkeit immer gleich bleibt.

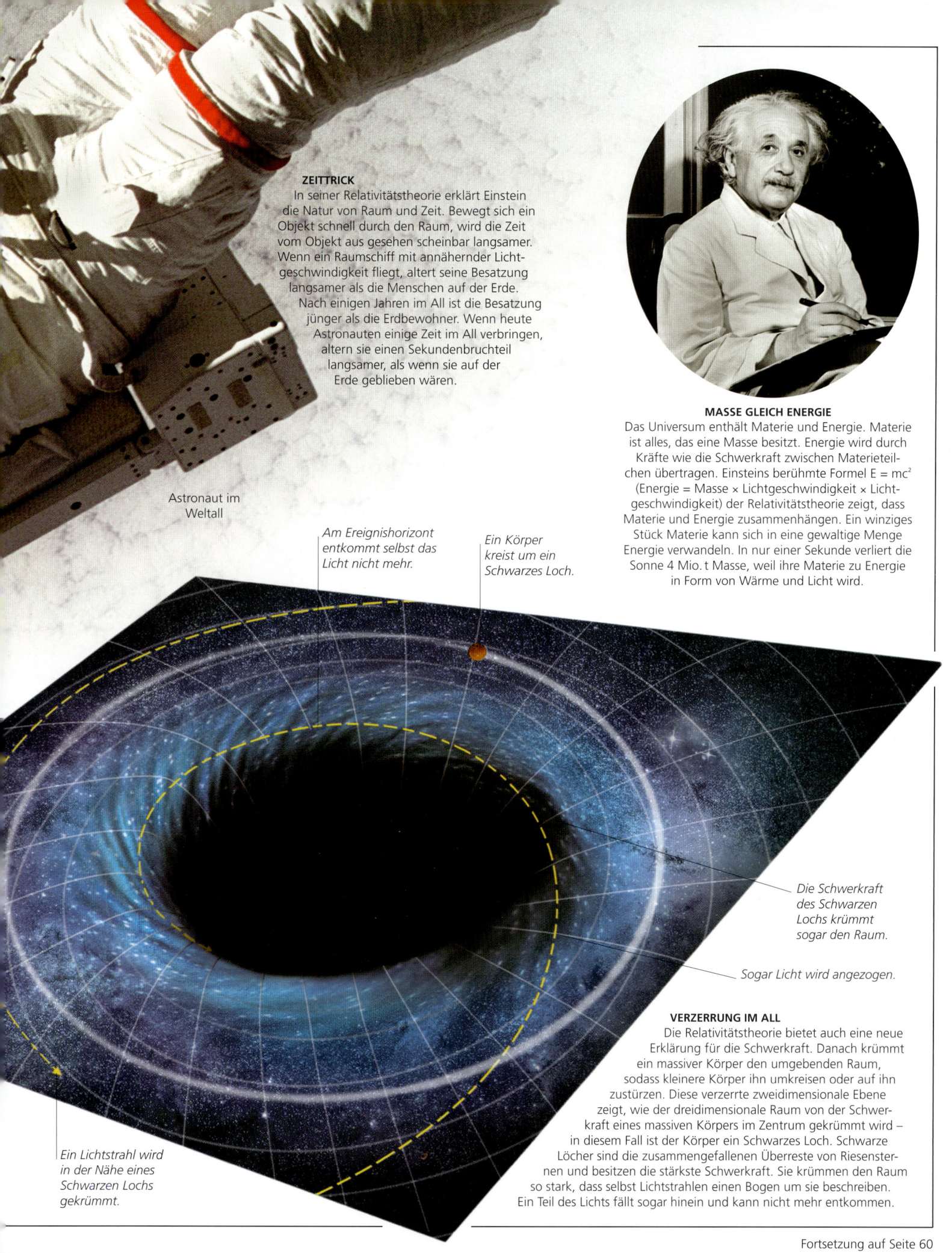

ZEITTRICK

In seiner Relativitätstheorie erklärt Einstein die Natur von Raum und Zeit. Bewegt sich ein Objekt schnell durch den Raum, wird die Zeit vom Objekt aus gesehen scheinbar langsamer. Wenn ein Raumschiff mit annähernder Lichtgeschwindigkeit fliegt, altert seine Besatzung langsamer als die Menschen auf der Erde. Nach einigen Jahren im All ist die Besatzung jünger als die Erdbewohner. Wenn heute Astronauten einige Zeit im All verbringen, altern sie einen Sekundenbruchteil langsamer, als wenn sie auf der Erde geblieben wären.

Astronaut im Weltall

MASSE GLEICH ENERGIE

Das Universum enthält Materie und Energie. Materie ist alles, das eine Masse besitzt. Energie wird durch Kräfte wie die Schwerkraft zwischen Materieteilchen übertragen. Einsteins berühmte Formel $E = mc^2$ (Energie = Masse × Lichtgeschwindigkeit × Lichtgeschwindigkeit) der Relativitätstheorie zeigt, dass Materie und Energie zusammenhängen. Ein winziges Stück Materie kann sich in eine gewaltige Menge Energie verwandeln. In nur einer Sekunde verliert die Sonne 4 Mio. t Masse, weil ihre Materie zu Energie in Form von Wärme und Licht wird.

Am Ereignishorizont entkommt selbst das Licht nicht mehr.

Ein Körper kreist um ein Schwarzes Loch.

Die Schwerkraft des Schwarzen Lochs krümmt sogar den Raum.

Sogar Licht wird angezogen.

VERZERRUNG IM ALL

Die Relativitätstheorie bietet auch eine neue Erklärung für die Schwerkraft. Danach krümmt ein massiver Körper den umgebenden Raum, sodass kleinere Körper ihn umkreisen oder auf ihn zustürzen. Diese verzerrte zweidimensionale Ebene zeigt, wie der dreidimensionale Raum von der Schwerkraft eines massiven Körpers im Zentrum gekrümmt wird – in diesem Fall ist der Körper ein Schwarzes Loch. Schwarze Löcher sind die zusammengefallenen Überreste von Riesensternen und besitzen die stärkste Schwerkraft. Sie krümmen den Raum so stark, dass selbst Lichtstrahlen einen Bogen um sie beschreiben. Ein Teil des Lichts fällt sogar hinein und kann nicht mehr entkommen.

Ein Lichtstrahl wird in der Nähe eines Schwarzen Lochs gekrümmt.

Fortsetzung auf Seite 60

UNENDLICHE WEITEN

Das Universum ist so riesig, dass Licht teilweise Jahre braucht, um von einem Stern zum nächsten zu gelangen. Das Licht der Sonne erreicht die Erde in 8 Minuten. Wenn wir also die Sonne betrachten, sehen wir sie so, wie sie vor 8 Minuten aussah. Die am weitesten entfernten Objekte sind etwa 13 Mrd. Lichtjahre entfernt. Diese Strecke legt ein Lichtstrahl in 13 Mrd. Jahren zurück. Wir sehen diese Sterne so, wie sie vor Jahrmilliarden aussahen – die meisten gibt es wahrscheinlich gar nicht mehr. Blickt man in die Tiefen des Universums, wirft man daher gleichzeitig auch einen Blick zurück in der Zeit. Das Hubble-Weltraumteleskop fotografiert Sterne und Galaxien (Sternenhaufen) wie das Ultra Deep Field. Die Aufnahme zeigt einen Bereich des Alls mit einigen der ältesten und am weitesten entfernten Galaxien.

ROTVERSCHIEBUNG

Das Universum dehnt sich ständig weiter aus. Astronomen haben entdeckt, dass die Wellenlängen des Lichts von sehr weit entfernten Sternen rötlicher sind als erwartet – dieses Phänomen nennt man Rotverschiebung. Sie entsteht, weil sich das Universum ausdehnt. Dabei werden auch die Wellen des Sternenlichts länger. Je größer die Wellenlänge, umso rötlicher erscheint das Licht. In jeder Richtung des Alls zeigen die am weitesten entfernten Sterne die größte Rotverschiebung – deshalb dehnt sich das Universum in alle Richtungen aus.

Lichtwellen werden gedehnt.

Beobachter

Stern entfernt sich mit der Ausdehnung des Raums.

Die ersten Atome entstanden 300 000 Jahre nach dem Urknall, als das Universum abkühlte.

URKNALL

Da das Universum sich ständig ausbreitet, muss es früher viel kleiner gewesen sein. Vermutlich war es einschließlich sämtlicher Materie und Energie vor etwa 13,7 Mrd. Jahren nur so groß wie eine Grapefruit. Einen Sekundenbruchteil vorher hatte der Urknall stattgefunden – eine unglaublich heftige Explosion des heißen Universums. Schließlich kühlte es sich weit genug ab, um Atome zu bilden. Später entstanden Sterne und Planeten. Dieses Diagramm zeigt die ersten 200 Mio. Jahre des Universums in drei Stadien.

Erste Sterne und Galaxien bildeten sich nach etwa 200 Mio. Jahren, als sich die Materie zusammenzog.

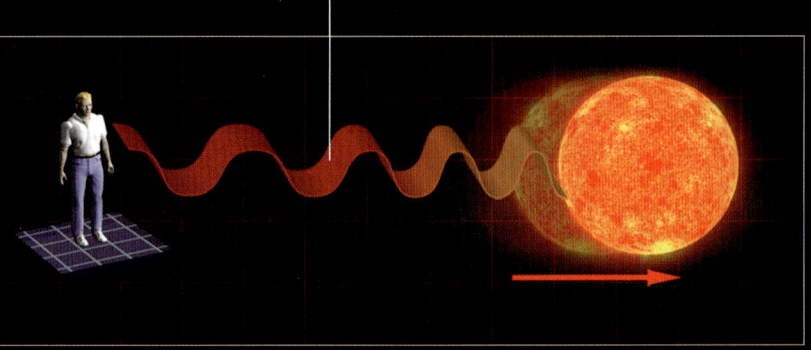

Die Hintergrundstrahlung wird als gelbe Punkte sichtbar.

Staub der Galaxie ist blau.

Licht der Milchstraße

Heißes Gas ist rot.

ECHOS DER VERGANGENHEIT

Der Urknall erzeugte eine große Menge Strahlung, die wir z. T. noch immer empfangen. Die Physiker Penzias und Wilson fingen 1964 schwache Mikrowellensignale aus dem All auf, die sie in jeder Richtung entdeckten. Diese kosmische Hintergrundstrahlung ist die Reststrahlung des Urknalls. Anhand von Satellitendaten wurde eine Karte erstellt, auf der die Verteilung der Hintergrundstrahlung am Himmel sichtbar wird.

SONNENSYSTEM

Das junge Universum bestand fast aus-
schließlich aus Wasserstoff und Helium.
Aus diesen Gasen bildeten sich die
ersten Sterne. Durch Kernfusionen
leuchten die Sterne. Dabei entsteht
nicht nur zusätzliches Helium
(S. 27), sondern auch weitere
Elemente wie Sauerstoff
und Eisen. Wenn ein Stern
am Ende seines Lebens
explodiert, stößt er sein
Material ins All ab.
Daraus entstehen die
nächsten Sterne. Aus
solchem Sternenstaub
besteht auch unser
Sonnensystem. Die
Schwerkraft erzeugte
eine Materiescheibe, in
der sich der Wasserstoff
im Zentrum zur Sonne ver-
dichtete. Weiter entfernte
Wolken aus Staub und
Eis ballten sich zu den
Planeten zusammen.

Der Planet Saturn

*Die Ringe bestehen
aus unterschiedlich
großen Eisteilchen.*

Sonnensonde zur
Erforschung der Sonne

*Die äußere Atomsphäre
besteht aus Wasserstoff
und Helium.*

DAS ENDE DER SONNE

Sterne altern zu langsam, um
diesen Prozess zu verfolgen. Durch
die Beobachtung vieler Sterne in
unterschiedlichen Lebensphasen haben
Wissenschaftler genügend Informationen
gesammelt, um ihren Lebenszyklus genau
vorauszusagen. Auf dieser Grundlage
wissen sie, wie der Stern sich im Alter verändern wird. Sonnensonden der NASA und
anderer Weltraumagenturen untersuchen die
Sonne und ihre Eigenschaften. Wir kennen nun
die Masse der Sonne und die Wasserstoffmenge, die
sie pro Sekunde verbrennt. So lässt sich nicht nur ihr
Alter bestimmen, sondern auch ihre Lebenserwartung.
In etwa 5 Mrd. Jahren hat die Sonne keinen Wasserstoff
mehr und verbrennt Helium und andere Elemente. Dabei
bläht sie sich zu einem Roten Riesen auf.

Ein Objekt
von der Größe
eines Planeten
prallt auf die
junge Erde.

DUNKLE MATERIE

Ein Großteil des Universums
besteht nicht aus sichtbarer
Materie. Als man die Rotation
zweier Galaxien bestimmte, dreh-
ten diese sich zu schnell – als wären
sie dreimal so schwer wie ange-
nommen. Diese Galaxien mussten
etwas Schweres, aber Unsichtbares
enthalten, das man Dunkle Materie
nennt. Vermutlich besteht die Dunkle
Materie aus Neutrinos, die kleiner als
Atome sind. Neutrinos sind schwer
zu entdecken. Große Detektoren
wie dieser werden tief in Bergen
oder Minen gebaut, um die störende
Hintergrundstrahlung zu verringern.
Wer das Geheimnis um die Dunkle
Materie lüftet, kennt auch das
Schicksal des Universums. Wenn es
sehr viel Dunkle Materie gibt, kann
ihre Schwerkraft die Ausdehnung
des Universums anhalten und sogar
umkehren – nach vielen Milliarden
Jahren ist das Universum dann
wieder auf die Größe einer Grapefruit zusammengeschrumpft.

STÄNDIGER BEGLEITER

Planeten wie Jupiter und Neptun werden von
Dutzenden Monden umkreist, während die
Erde nur einen sehr großen Mond besitzt. Bei
der Untersuchung von Mondgestein fand man
heraus, dass der Mond ähnlich zusammengesetzt ist wie die Erde. Wahrscheinlich entstand
er, als ein Objekt von der Größe eines Planeten
vor etwa 4 Mrd. Jahren auf die Erde prallte.
Der Zusammenstoß schleuderte glühend
heiße, geschmolzene Klumpen der Erdoberfläche ins All. Die Erdanziehungskraft hielt
die Klumpen auf einer Erdumlaufbahn, wo
sie schließlich verschmolzen und abkühlten –
der Mond war entstanden.

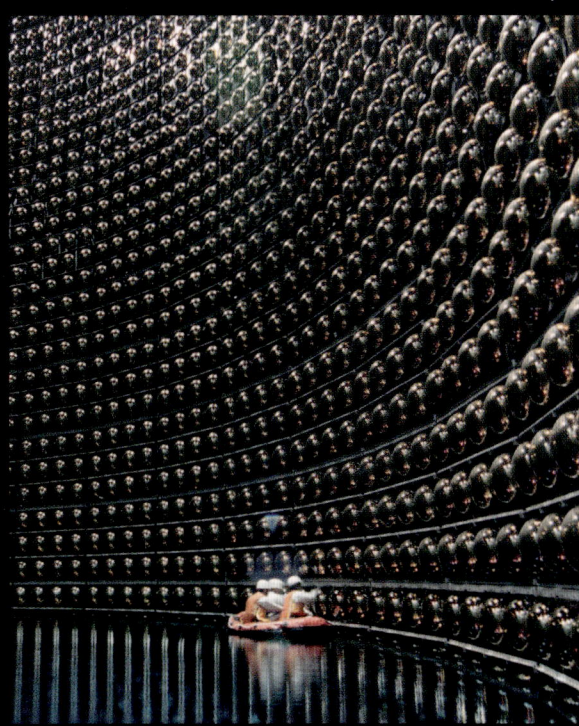

Ungelöste Fragen

Niemand weiß, ob die Wissenschaft jede Frage beantworten kann. Es gibt noch vieles wie das Verhalten von Teilchen in Atomen, das man nicht versteht. Man kann ihre Bewegungen und Positionen bestimmen, aber nicht beides gleichzeitig. Vielleicht stellt sich heraus, dass es gar keine Teilchen sind! Neueste Forschungsergebnisse weisen außerdem darauf hin, dass in weit entfernten Bereichen des Alls andere Regeln gelten. Schwerkraft und andere Kräfte sind vielleicht nicht konstant und könnten sich auf eine Weise verändern, die wir noch nicht verstehen. Viele große Wissenschaftler suchten die „Weltformel", die diese Fragen beantwortet. Aber bisher fand man noch keine Antworten, sondern nur weitere Fragen.

INTELLIGENTE MASCHINEN

Informatiker bauen Roboter wie diesen, die künstliche Intelligenz (KI) nutzen. Niemand weiß, ob eine KI-Maschine wie ein Mensch denkt. Ein Mikrochip-Computer mit dem Gedächtnisspeicher und der Verarbeitungsleistung des menschlichen Gehirns wäre größer als ein Wolkenkratzer. Selbst dieser besitzt jedoch kein Selbstbewusstsein und entwickelt keine Gefühle wie ein Mensch. Kann ein Roboter tatsächlich Dinge verstehen wie ein Mensch? Ein Quantencomputer, der einzelne Atome als Schalter benutzt, ist so klein und schnell wie ein menschliches Gehirn. Aber bis heute existiert ein solches Gerät noch nicht.

Kabel verbinden den Roboter mit dem Computer, um die richtigen Gesichtsausdrücke zu lernen.

KLEINER URKNALL

Sterne leuchten, weil ein Teil ihrer Atommasse bei der Kernfusion (S. 47) in Energie umgewandelt wird. Doch den entgegengesetzten Vorgang verstehen Wissenschaftler nicht – wie aus Energie Atome werden. Man nimmt an, dass dies beim Urknall passierte. An dem Teilchenbeschleuniger CERN in der Schweiz versuchen Physiker, die Bedingungen des Urknalls nachzustellen. Im Ringtunnel des Großen Hadronen-Speicherrings (S. 7) prallen subatomare Teilchen mit annähernder Lichtgeschwindigkeit aufeinander. Die Kollisionen werden als Streifenmuster aufgezeichnet. In weiteren Experimenten wollen sie erstmals beobachten, wie Materie aus Energie entsteht.

Teilchenkollision im Großen Hadronen-Speicherring

Die Spitze zeigt eine starke Radioquelle an.

3-D-Grafik der Radiowellen aus dem All

HALLO NACHBARN!

1974 schickten die Menschen erste Signale ins All, als die Radioteleskope leistungsstark genug waren. Falls es außerirdische Zivilisationen in der Nähe ferner Sterne gäbe, könnten sie ähnliche Signale erzeugen. Im Projekt SETI – Search for Extraterrestrial Intelligence (engl. für „Suche nach außerirdischer Intelligenz") – durchforsten Wissenschaftler mithilfe von Computern die natürlichen Radiowellen aus dem All nach Signalmustern. Obwohl sich Radiowellen mit Lichtgeschwindigkeit fortpflanzen, brauchen Signale aus fernen Teilen des Alls lange bis zur Erde. Sollte ein außerirdisches Signal entdeckt werden, wäre es wahrscheinlich Hunderte oder Tausende Jahre alt.

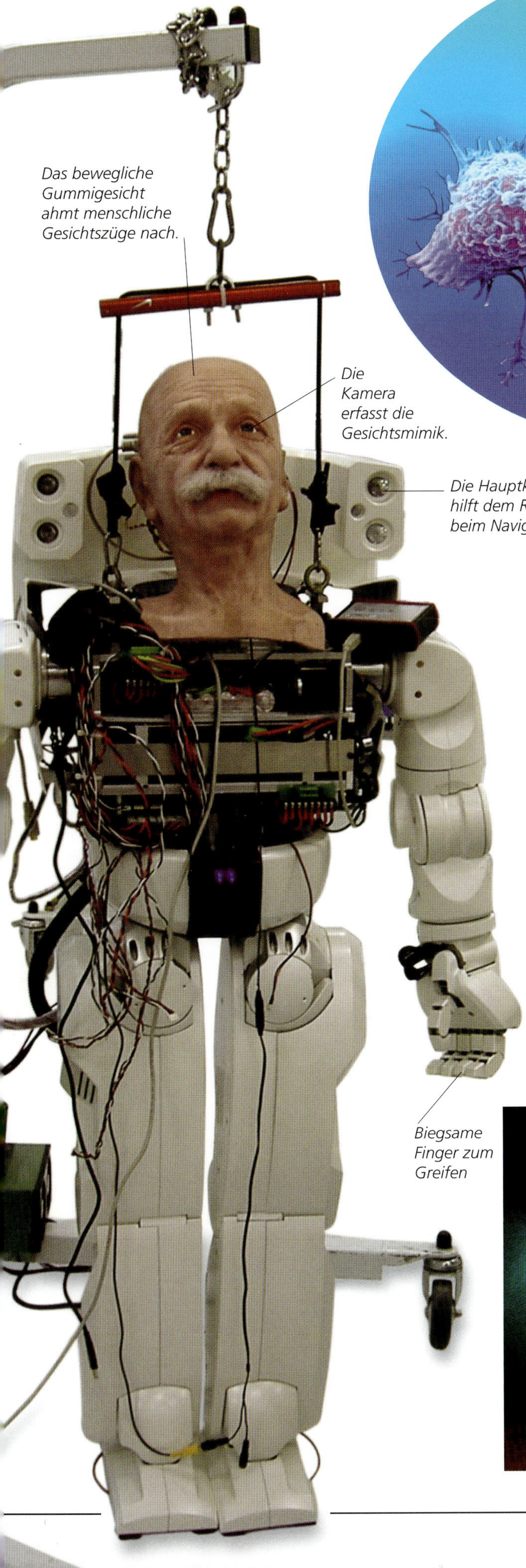

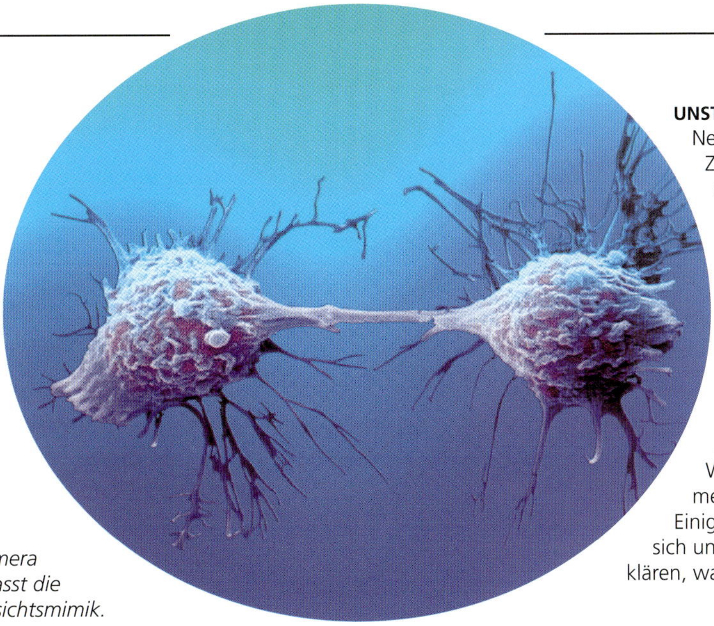

Das bewegliche Gummigesicht ahmt menschliche Gesichtszüge nach.

Die Kamera erfasst die Gesichtsmimik.

Die Hauptkamera hilft dem Roboter beim Navigieren.

UNSTERBLICHES LEBEN

Neue Zellen entstehen, wenn eine Zelle ihren Inhalt verdoppelt und sich in zwei identische Zellen teilt. Körperzellen haben eine eingebaute Uhr, die diesen Vorgang nach einer bestimmten Anzahl von Teilungen stoppt. Schließlich kann der Körper nicht mehr ausreichend neue Zellen bilden, um gesund zu bleiben, und stirbt an Altersschwäche. Wenn man die Zelluhr eines Menschen abschalten kann, lebt er ewig. Wissenschaftler züchten in Laboren menschliche Zellen für Experimente. Einige wie diese HeLa-Zellen teilen sich unendlich oft. Kann man jemals aufklären, warum diese Zellen nicht absterben?

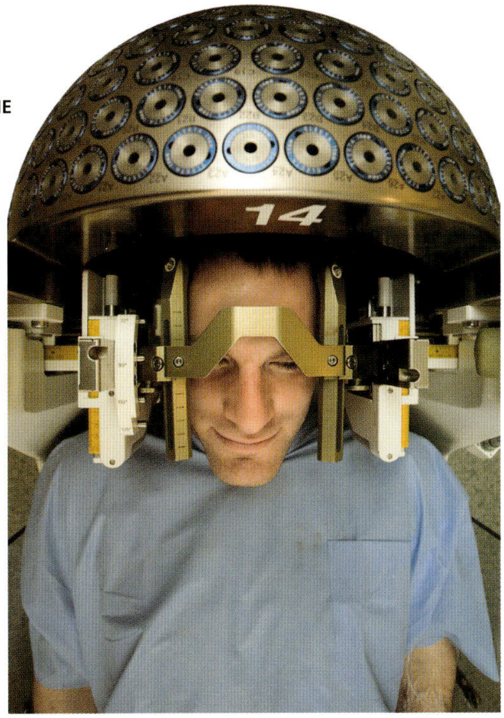

KREBSTHERAPIE

Krebs ist eine Krankheit, bei der sich Zellen unkontrollierbar teilen. Sie bilden einen Tumor, der den Körper schädigt. Krebs wird durch fehlerhafte Gene ausgelöst. Zur Behandlung des Krebs wird der Tumor herausoperiert oder im Körper abgetötet. Diese Apparatur verbrennt einen Gehirntumor mit Gammastrahlen. Auf lange Sicht möchte man jedoch die Krebs auslösenden Gene (S. 50) selbst reparieren, um Krebs zu heilen oder sogar im Vorfeld zu verhindern. Ärzte könnten dann funktionstüchtige Versionen der Gene in den Körper schleusen, wo sie die fehlerhaften ersetzen würden.

Der Albert-Einstein-Roboter

Biegsame Finger zum Greifen

TELEPORTATION

Manchmal wird Science-Fiction zur Wirklichkeit. In der Fernsehserie *Raumschiff Enterprise* werden Menschen mit einem Teleporter an andere Orte gebeamt. Dieses Gerät nutzt die seltsamen Eigenschaften subatomarer Teilchen. Sie treten paarweise auf und verhalten sich identisch, auch wenn sie weit voneinander entfernt sind. Ein Teleporter zerlegt ein Objekt in seine Teilchen, während ein zweiter sein Gegenstück an einem anderen Ort zerlegt. Dann wird das Objekt mit dem zweiten Teilchensatz zu einer identischen Version wieder zusammengesetzt.

Periodensystem

Das Periodensystem enthält 117 Elemente, von denen aber nur 94 natürlich vorkommen. Es führt die Elemente in der Reihenfolge ihrer Ordnungszahl auf, der Anzahl der Protonen im Atomkern (S. 24–25). Die Elemente sind nach Gruppen (Spalten) und Perioden (Zeilen) geordnet. In den Gruppen nimmt die Anzahl der Elektronenschalen von oben nach unten zu, während in den Perioden die Ordnungszahl von links nach rechts jeweils um ein Proton größer wird.

Die Ordnungszahl gibt die Anzahl der Protonen im Kern wieder.

Das Symbol ist eine Abkürzung des Namens.

SYMBOL
Jedes Element hat ein chemisches Symbol, das sich aus Buchstaben des lateinischen Namens des Elements zusammensetzt. Das Symbol Fe für Eisen z. B. stammt von seinem lateinischen Namen Ferrum und Pb für Blei von seiner lateinischen Bezeichnung Plumbum. Jedes Element wird außerdem durch seine Ordnungszahl und die größere Massenzahl beschrieben.

26
Fe
Eisen
56

Die Massenzahl gibt die Summe der Protonen und Neutronen im Kern wieder.

REAKTIONSFREUDIGE METALLE
Im 19. Jh. hatten Chemiker erkannt, dass die Elemente sich nach ihren Eigenschaften in Gruppen zusammenfassen ließen. Dmitri Mendelejew ordnete diese Gruppen 1869 in sein Periodensystem ein. Heute weiß man, dass die die Atome der Mitglieder jeder Gruppe dieselbe Anzahl von Außenelektronen besitzen. Atome der Gruppe I haben nur ein Außenelektron und sind daher sehr reaktionsfreudig. Die Gruppe I besteht außer dem Wasserstoff aus Alkalimetallen. Diese Elemente bilden starke Basen und viele Salze wie unser Kochsalz. Die häufigsten Alkalimetalle Natrium und Kalium sind lebensnotwendig für Muskeln und Nerven und damit für unsere Gesundheit.

Gruppe I enthält die reaktionsfreudigsten Metalle.

PERIODENSYSTEM DER ELEMENTE
Das Periodensystem besteht aus acht Hauptgruppen. Die Elemente der Gruppe I haben nur ein Elektron auf der äußersten Atomschale, die Elemente der Gruppe VIII dagegen acht Elektronen. Elemente einer Gruppe reagieren ähnlich, weil alle gleich viele Außenelektronen besitzen. Elemente auf der linken Seite einer Periode neigen dazu, Elektronen abzugeben. Sie besitzen dann die vollbesetzte Elektronenschale des vorherigen Elements. Dagegen nehmen Elemente auf der rechten Seite einer Periode eher Elektronen auf.

1							
H Wasserstoff 1							
3 **Li** Lithium 7	4 **Be** Beryllium 9						
11 **Na** Natrium 23	12 **Mg** Magnesium 24						
19 **K** Kalium 39	20 **Ca** Calcium 40	21 **Sc** Scandium 45	22 **Ti** Titan 48	23 **V** Vanadium 51	24 **Cr** Chrom 52	25 **Mn** Mangan 55	26 **Fe** Eisen 56
37 **Rb** Rubidium 85	38 **Sr** Strontium 88	39 **Y** Yttrium 89	40 **Zr** Zirconium 90	41 **Nb** Niob 93	42 **Mo** Molybdän 98	43 **Tc** Technetium 97	44 **Ru** Ruthenium 102
55 **Cs** Caesium 133	56 **Ba** Barium 138	57–71	72 **Hf** Hafnium 180	73 **Ta** Tantal 181	74 **W** Wolfram 184	75 **Re** Rhenium 187	76 **Os** Osmium 192
87 **Fr** Francium 223	88 **Ra** Radium 226	89–103	104 **Rf** Rutherfordium 261	105 **Db** Dubnium 262	106 **Sg** Seaborgium 268	107 **Bh** Bohrium 264	108 **Hs** Hassium 267

57 **La** Lanthan 139	58 **Ce** Cer 140	59 **Pr** Praseodym 141	60 **Nd** Neodym 142	61 **Pm** Promethium 145
89 **Ac** Actinium 227	90 **Th** Thorium 232	91 **Pa** Protactinium 231	92 **U** Uran 238	93 **Np** Neptunium 237

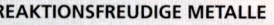

Die Metalle der Gruppe II sind häufig in Gesteinen zu finden.

Lanthanoide und Actinoide nehmen eine Sonderstellung im Periodensystem ein.

Kalium verbrennt mit typischer violetter Flamme.

Die Halbmetalle stehen zwischen den Metallen und den Nichtmetallen.

Es gibt weniger Nichtmetalle als Metalle.

Die Edelgase bilden die 18. Gruppe.

2
He
Helium
4

Diese Metalle haben mehr als zwei Außenelektronen.

Zu den Übergangsmetallen gehören viele der häufigsten Metalle der Erde.

Legende

Die Elemente sind nach Eigenschaften farblich markiert. Wasserstoff ist kein Alkalimetall, wird aber in Gruppe I eingeordnet.

- Alkalimetalle
- Erdalkalimetalle
- Übergangsmetalle
- Lanthanoide (Seltene Erden)
- Actinoide
- Andere Metalle
- Halbmetalle
- Nichtmetalle
- Edelgase
- Wasserstoff
- noch nicht synthetisiert

| 5 B Bor 11 | 6 C Kohlenstoff 12 | 7 N Stickstoff 14 | 8 O Sauerstoff 16 | 9 F Fluor 19 | 10 Ne Neon 20 |
| 13 Al Aluminium 27 | 14 Si Silizium 28 | 15 P Phosphor 31 | 16 S Schwefel 32 | 17 Cl Chlor 35 | 18 Ar Argon 40 |

27 Co Cobalt 59	28 Ni Nickel 58	29 Cu Kupfer 63	30 Zn Zink 64	31 Ga Gallium 69	32 Ge Germanium 74	33 As Arsen 75	34 Se Selen 80	35 Br Brom 79	36 Kr Krypton 84
45 Rh Rhodium 103	46 Pd Palladium 106	47 Ag Silber 107	48 Cd Cadmium 114	49 In Indium 115	50 Sn Zinn 120	51 Sb Antimon 121	52 Te Tellur 130	53 I Iod 127	54 Xe Xenon 132
77 Ir Iridium 193	78 Pt Platin 195	79 Au Gold 197	80 Hg Quecksilber 202	81 Tl Thallium 205	82 Pb Blei 208	83 Bi Wismut 209	84 Po Polonium 209	85 At Astat 210	86 Rn Radon 222
109 Mt Meitnerium 268	110 Ds Darmstadtium 281	111 Rg Roentgenium 281	112 Cn Copernicium 285	113 Noch nicht bestätigt	114 Fl Flerovium 289	115 Noch nicht bestätigt	116 Lv Livermorium 293	117 Noch nicht bestätigt	118 Noch nicht bestätigt

| 62 Sm Samarium 152 | 63 Eu Europium 153 | 64 Gd Gadolinium 158 | 65 Tb Terbium 159 | 66 Dy Dysprosium 164 | 67 Ho Holmium 165 | 68 Er Erbium 168 | 69 Tm Thulium 169 | 70 Yb Ytterbium 174 | 71 Lu Lutetium 175 |
| 94 Pu Plutonium 244 | 95 Am Americium 243 | 96 Cm Curium 247 | 97 Bk Berkelium 247 | 98 Cf Californium 251 | 99 Es Einsteinium 254 | 100 Fm Fermium 257 | 101 Md Mendelevium 258 | 102 No Nobelium 255 | 103 Lr Lawrencium 256 |

SERIENMÄSSIG

In den meisten Fällen haben die Elemente jeweils ein Außenelektron mehr als ihr linker Nachbar. Bei den Elementen von drei Serien füllen die zusätzlichen Elektronen jedoch zuerst innere Schalen auf. Daher haben die Elemente dieser Serien alle jeweils ein oder zwei Außenelektronen. Die Übergangsmetalle bilden die Mitte der Tabelle, während die anderen Serien – die Lanthanoide und die Actinoide – unten separat aufgeführt werden.

ALLES AN SEINEM PLATZ

Chemiker kennen die Eigenschaften eines Elements, wenn sie seinen Platz im Periodensystem betrachten. Das hat Mendelejew sehr eindrucksvoll bewiesen, als er das erste Periodensystem auf der Grundlage des Atomgewichts der Elemente erstellte. Seine Tabelle hatte viele Lücken, weil noch nicht alle Elemente entdeckt worden waren. Mendelejew sagte anhand des Systems die Eigenschaften einiger fehlender Elemente voraus. Er errechnete, dass das Element mit dem Atomgewicht 74 eine glänzendere, schwerere Version von Silizium sein muss. 20 Jahre später entdeckte der deutsche Chemiker Clemens Alexander Winkler dieses fehlende Element, das Germanium. Mendelejews Beschreibung traf genau zu.

Germanium ist ein gräulich-weißes Halbmetall.

Radioaktive Uran-Pellets werden in Atomkraftwerken als Brennstoff eingesetzt.

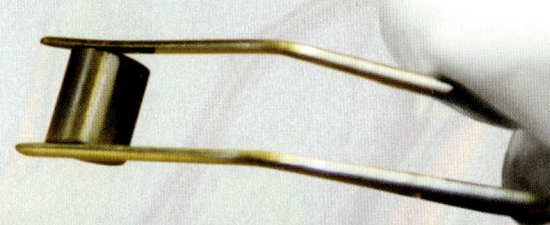

VERSCHWINDENDE ELEMENTE

Die Elemente ganz unten in der Tabelle haben annähernd 300 Protonen und Neutronen im Kern. Diese großen Atome sind radioaktiv (S. 25). Sie zerfallen leicht und setzen dabei gefährliche Teilchen und energiereiche Strahlung frei. Jedes Atom, das größer ist als das von Wismut, ist radioaktiv und hat eine bestimmte Halbwertzeit. Sie ist die Zeitspanne, in der die Hälfte einer Probe des radioaktiven Elements in andere Atome zerfällt. Die Halbwertzeit der stabilsten Uranformen beträgt etwa 4,5 Mrd. Jahre und die von Francium dagegen nur 22 Minuten.

Messungen

Ohne Messungen gäbe es keine Wissenschaft. Es ist von großer Bedeutung, dass alle Wissenschaftler die Dinge auf genau dieselbe Weise messen, damit sie ihre Ergebnisse vergleichen können. Für unterschiedliche Messungen braucht man verschiedene Einheiten. Viele davon sind nach berühmten Wissenschaftlern benannt. So wird die Kraft beispielsweise zu Ehren von Isaac Newton in Newton (N) gemessen. Diese Abbildungen zeigen einige Maßeinheiten und was sie messen.

Einheit	Symbol	Definition
Meter	m	Einheit der Entfernung. Ein Meter entspricht der Entfernung, die Licht in 0,3 Milliardstel Sekunden zurücklegt.
Kilogramm	kg	Einheit der Masse. 1 Kilogramm entspricht der Masse von 1 Liter Wasser. 1 Kubikmeter enthält 1000 Liter.
Sekunde	s	Einheit der Zeit. Ein Tag hat 86400 Sekunden. Wissenschaftler messen Sekunden durch Auszählen der Schwingungen bestimmter Atome.
Kelvin	K	Einheit der Temperatur. Null Kelvin ist die niedrigste mögliche Temperatur, die man auch absoluten Nullpunkt nennt.
Candela	cd	Einheit der Lichtstärke. Eine brennende Kerze hat eine Lichtstärke von etwa 1 Candela.
Ampere	A	Einheit der Stromstärke. Bei einem Ampere fließen etwa 6 Trillionen Elektronen pro Sekunde.
Mol	mol	Einheit der Stoffmenge. Ein Mol enthält rund 600 Trilliarden Atome oder Moleküle.

MASSEINHEITEN

Alle Maße bauen auf sieben Grundeinheiten auf, den SI-Einheiten. Die Einheiten beschreiben die wesentlichen Eigenschaften des Universums. Alle anderen Maßeinheiten sind eine Kombination aus zwei oder mehr dieser Grundeinheiten. Das Newton z. B. setzt sich aus Meter, Sekunde und Kilogramm zusammen.

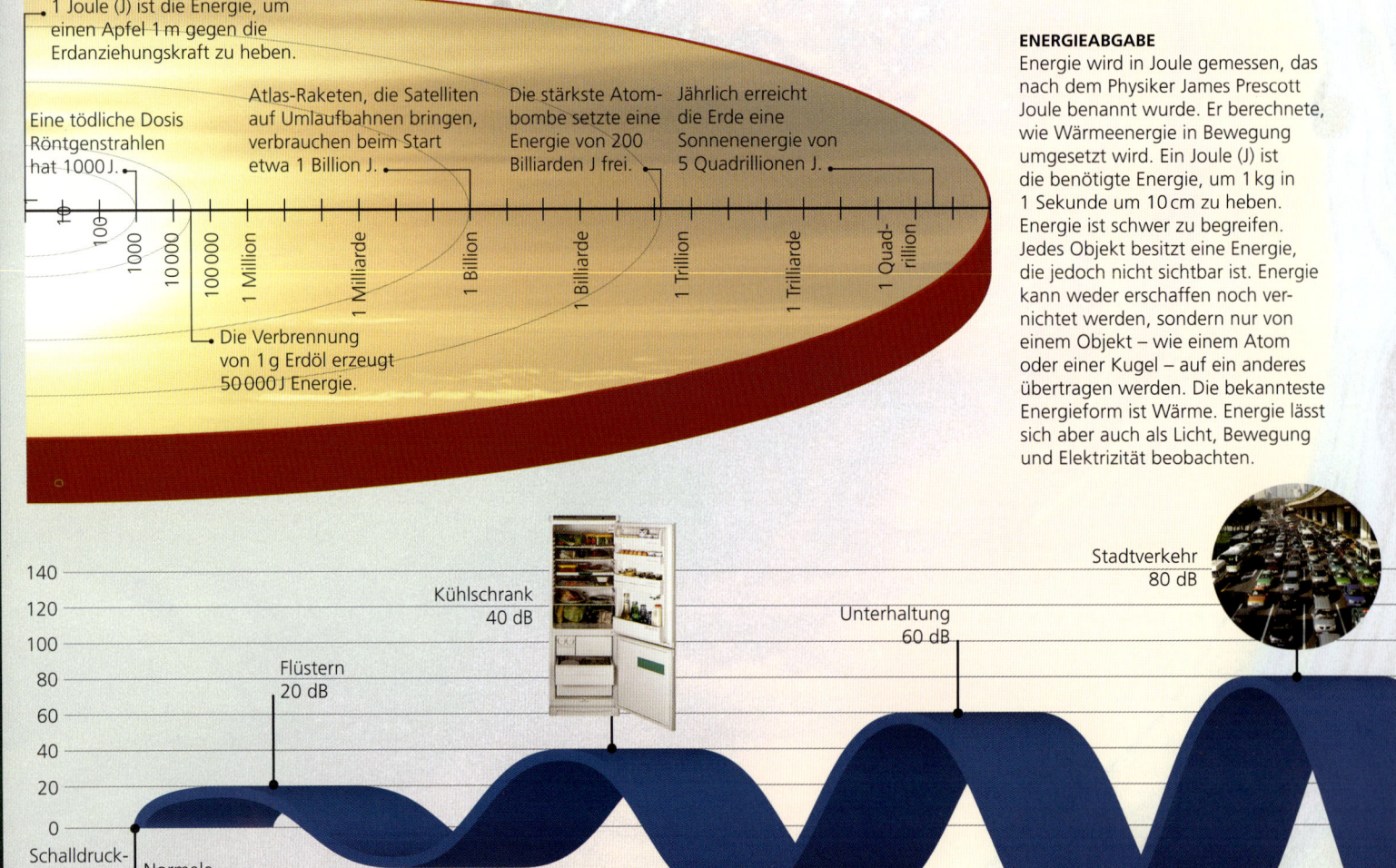

1 Joule (J) ist die Energie, um einen Apfel 1 m gegen die Erdanziehungskraft zu heben.

Eine tödliche Dosis Röntgenstrahlen hat 1000 J.

Atlas-Raketen, die Satelliten auf Umlaufbahnen bringen, verbrauchen beim Start etwa 1 Billion J.

Die stärkste Atombombe setzte eine Energie von 200 Billiarden J frei.

Jährlich erreicht die Erde eine Sonnenenergie von 5 Quadrillionen J.

Die Verbrennung von 1 g Erdöl erzeugt 50000 J Energie.

100
1000
10000
100000
1 Million
1 Milliarde
1 Billion
1 Billiarde
1 Trillion
1 Trilliarde
1 Quadrillion

ENERGIEABGABE

Energie wird in Joule gemessen, das nach dem Physiker James Prescott Joule benannt wurde. Er berechnete, wie Wärmeenergie in Bewegung umgesetzt wird. Ein Joule (J) ist die benötigte Energie, um 1 kg in 1 Sekunde um 10 cm zu heben. Energie ist schwer zu begreifen. Jedes Objekt besitzt eine Energie, die jedoch nicht sichtbar ist. Energie kann weder erschaffen noch vernichtet werden, sondern nur von einem Objekt – wie einem Atom oder einer Kugel – auf ein anderes übertragen werden. Die bekannteste Energieform ist Wärme. Energie lässt sich aber auch als Licht, Bewegung und Elektrizität beobachten.

140
120
100
80
60
40
20
0

Schalldruckpegel (dB)

Normale Hörschwelle 0 dB

Flüstern 20 dB

Kühlschrank 40 dB

Unterhaltung 60 dB

Stadtverkehr 80 dB

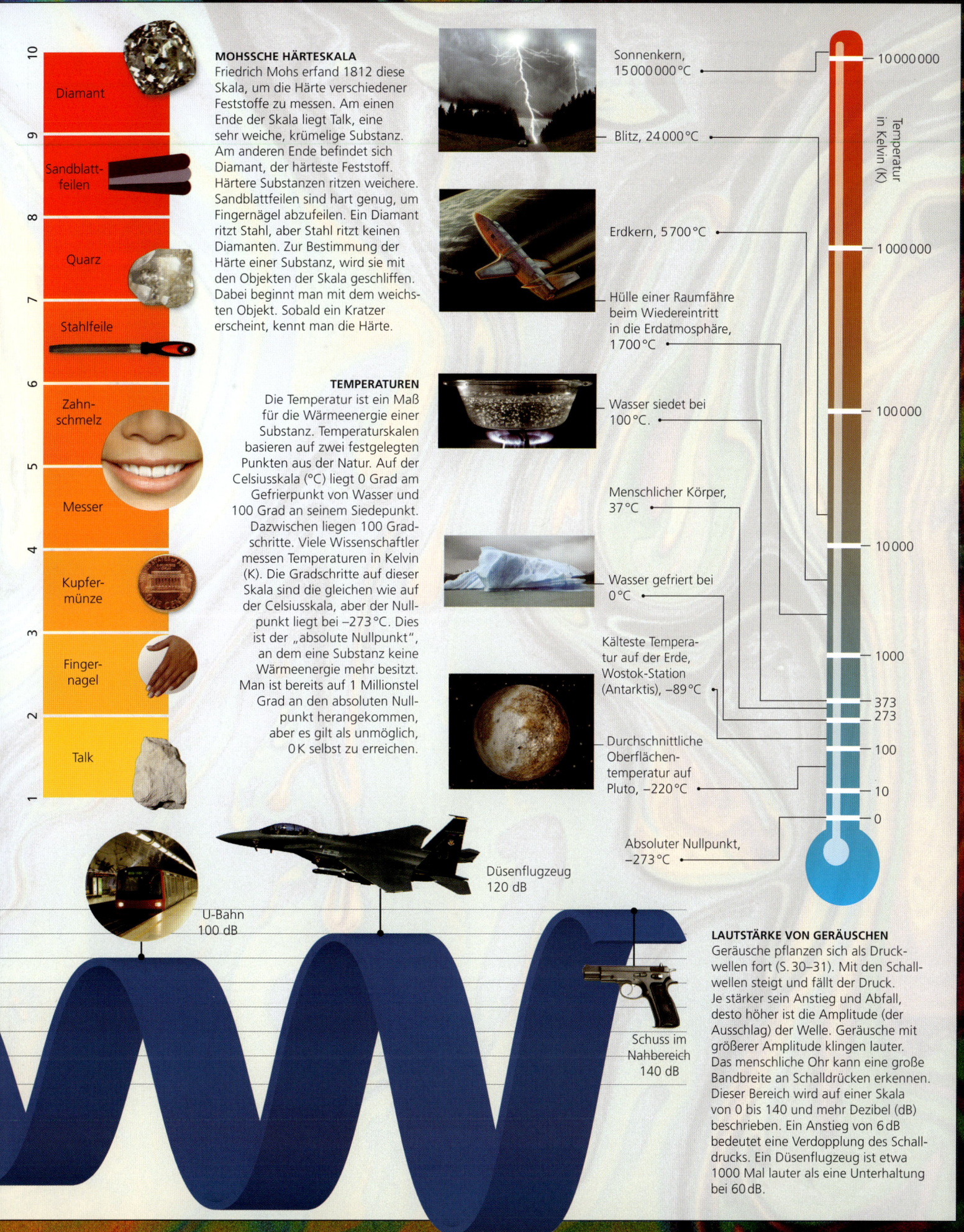

MOHSSCHE HÄRTESKALA

Friedrich Mohs erfand 1812 diese Skala, um die Härte verschiedener Feststoffe zu messen. Am einen Ende der Skala liegt Talk, eine sehr weiche, krümelige Substanz. Am anderen Ende befindet sich Diamant, der härteste Feststoff. Härtere Substanzen ritzen weichere. Sandblattfeilen sind hart genug, um Fingernägel abzufeilen. Ein Diamant ritzt Stahl, aber Stahl ritzt keinen Diamanten. Zur Bestimmung der Härte einer Substanz, wird sie mit den Objekten der Skala geschliffen. Dabei beginnt man mit dem weichsten Objekt. Sobald ein Kratzer erscheint, kennt man die Härte.

Diamant
Sandblattfeilen
Quarz
Stahlfeile
Zahnschmelz
Messer
Kupfermünze
Fingernagel
Talk

TEMPERATUREN

Die Temperatur ist ein Maß für die Wärmeenergie einer Substanz. Temperaturskalen basieren auf zwei festgelegten Punkten aus der Natur. Auf der Celsiusskala (°C) liegt 0 Grad am Gefrierpunkt von Wasser und 100 Grad an seinem Siedepunkt. Dazwischen liegen 100 Gradschritte. Viele Wissenschaftler messen Temperaturen in Kelvin (K). Die Gradschritte auf dieser Skala sind die gleichen wie auf der Celsiusskala, aber der Nullpunkt liegt bei −273 °C. Dies ist der „absolute Nullpunkt", an dem eine Substanz keine Wärmeenergie mehr besitzt. Man ist bereits auf 1 Millionstel Grad an den absoluten Nullpunkt herangekommen, aber es gilt als unmöglich, 0 K selbst zu erreichen.

Sonnenkern, 15 000 000 °C

Blitz, 24 000 °C

Erdkern, 5700 °C

Hülle einer Raumfähre beim Wiedereintritt in die Erdatmosphäre, 1700 °C

Wasser siedet bei 100 °C.

Menschlicher Körper, 37 °C

Wasser gefriert bei 0 °C

Kälteste Temperatur auf der Erde, Wostok-Station (Antarktis), −89 °C

Durchschnittliche Oberflächentemperatur auf Pluto, −220 °C

Absoluter Nullpunkt, −273 °C

Temperatur in Kelvin (K)

10 000 000
1 000 000
100 000
10 000
1000
373
273
100
10
0

Düsenflugzeug 120 dB

U-Bahn 100 dB

Schuss im Nahbereich 140 dB

LAUTSTÄRKE VON GERÄUSCHEN

Geräusche pflanzen sich als Druckwellen fort (S. 30–31). Mit den Schallwellen steigt und fällt der Druck. Je stärker sein Anstieg und Abfall, desto höher ist die Amplitude (der Ausschlag) der Welle. Geräusche mit größerer Amplitude klingen lauter. Das menschliche Ohr kann eine große Bandbreite an Schalldrücken erkennen. Dieser Bereich wird auf einer Skala von 0 bis 140 und mehr Dezibel (dB) beschrieben. Ein Anstieg von 6 dB bedeutet eine Verdopplung des Schalldrucks. Ein Düsenflugzeug ist etwa 1000 Mal lauter als eine Unterhaltung bei 60 dB.

Wissensgebiete

Wissenschaftler untersuchen von fernen Sternen bis zu winzigen Bakterien fast alles. Niemand kann alles wissen, deshalb spezialisieren sich die meisten Wissenschaftler auf ein Wissensgebiet. Diese Bereiche lassen sich grob in sechs Gruppen einteilen: Biowissenschaften, Geowissenschaften, exakte Naturwissenschaften, Sozialwissenschaften, Astronomie und Mathematik. Es gibt jedoch viele Überschneidungen und an komplexen Problemen arbeiten oft verschiedene Fachleute zusammen.

Ökologie
Sie erforscht, wie verschiedene Lebensformen zum Überleben aufeinander und auf ihre Umwelt angewiesen sind.

Versteinertes Reptilskelett, 250 Mio. Jahre alt

Paläontologie
Sie untersucht Fossilien, die uns über Lebewesen der Vergangenheit erzählen und wie Leben entstand und sich entwickelte.

Umweltwissenschaften
Sie versuchen mithilfe der Biologie, Chemie und Geologie zu verstehen, wie verschiedene Umweltbereiche zusammenwirken.

Informatik
Der Bereich der Mathematik untersucht, wie Menschen Computer programmieren, wie Computer Programme ausführen und wie sie Daten verarbeiten und ausgeben.

Computer verarbeiten Daten als Einsen und Nullen.

Anthropologie
Sie untersucht die Vielfalt menschlicher Gattungen und wie sich der Mensch und seine verschiedenen Zivilisationen veränderten.

MATHEMATIK
Sie ist ein Hilfsmittel für alle Fachrichtungen, die sich mit den Beziehungen zwischen Zahlen beschäftigen.

SOZIAL-WISSENSCHAFTEN
Sie erklären wissenschaftlich menschliches Einzel-, Gruppen- und Gesellschaftsverhalten.

BIOWISSENSCHAFTEN
Sie erforschen alles, was lebt oder einmal gelebt hat.

Psychologie
Sie beschäftigt sich mit dem Geist (Psyche) und Gründen für das Verhalten von Menschen und dient oft als Hilfe beim Umgang mit Stress und psychischen Krankheiten.

Sigmund Freud (1856–1939), Pionier der Psychologie

Archäologie
Sie untersucht Spuren menschlichen Lebens in der Erde wie Knochen, Werkzeuge und Ruinen, um die Lebensweise früherer Menschen zu erforschen.

Humangeografie
Sie erforscht die Nutzung des Raums durch Menschen wie ihre Siedlungen, Verkehr und Aktivitäten.

Ökonomie
Sie untersucht, wie Menschen, Unternehmen und Regierungen entscheiden, welche Waren und Dienstleistungen hergestellt oder genutzt werden.

Pathologie
Sie erforscht Krankheiten, ihre Auswirkungen auf den Körper und ihre Bekämpfung.

Anatomie
Sie beschäftigt sich mit Aufbau und Funktionen des Körpers.

Botanik
Sie erforscht Pflanzen, ihre Arten, Aufbau, chemische Prozesse und natürlichen Lebenszyklus.

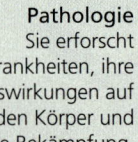

Ein Zoologe misst Bärenzähne.

Mikrobiologie
Sie untersucht Mikroorganismen wie Bakterien und Viren.

Epidemiologie
Sie verfolgt die Ausbreitung von Krankheiten, wie die sich schnell ausbreitenden Epidemien, von Mensch zu Mensch, innerhalb einer Gemeinschaft und weltweit.

Medizin
Sie sucht nach Heilmitteln und Behandlungen für Krankheiten und Verletzungen und nutzt dazu chemische Medikamente und physikalische Behandlungen wie Operationen.

Zoologie
Sie beschäftigt sich mit Tieren wie auch ihrem Überleben und der Fortpflanzung in freier Wildbahn.

Geologie
Sie untersucht, wie sich die Gesteinskruste der Erde gebildet und im Lauf des Planetenlebens verändert hat.

Meteorologie
Sie erforscht die verschiedenen Klimazonen der Erde und berechnet zukünftige Wetteränderungen.

Robotik
Der Bereich der Ingenieurwissenschaft beschäftigt sich mit Geräten, die sich bewegen, ihre Umgebung wahrnehmen und eigenständig denken können.

iCub, ein lernfähiger Roboter

Ingenieurwissenschaft
Sie entwickelt nützliche Geräte mithilfe wissenschaftlicher Kenntnisse.

Akustik
Sie erforscht das Verhalten von Schallwellen.

Mechanik
Sie untersucht, wie Kräfte Objekte in Bewegung versetzen.

Atomphysik
Sie erforscht das Innere des Atomkerns wie radioaktiven Zerfall, Kernspaltung und Kernfusion.

Ozeanografie
Sie sammelt Informationen über Meere wie Gezeiten, Strömungen, Wasserchemie und Meereslebewesen.

Forscher untersuchen Meereslebewesen.

Physische Geografie
Untersucht Entstehung und Aufbau der Erdoberfläche.

Elektronik
Sie untersucht den Fluss elektrischer Ströme durch Substanzen und ihre Verwendung in Mikrochips, Computern und anderen Geräten.

Chemie
Sie untersucht, wie Atome sich in Reaktionen zu neuen Substanzen verbinden und wie diese Substanzen sich verhalten.

Optik
Sie untersucht das Verhalten von Licht wie Beugung, Reflexion und Streuung.

GEOWISSENSCHAFTEN
Sie untersuchen die unbelebten Teile der Erde wie Gesteine, Vulkane und die Atmosphäre.

ASTRONOMIE
Sie untersucht Objekte im All wie Sterne, Planeten und Galaxien.

EXAKTE NATUR-WISSENSCHAFTEN
Sie erforschen unbelebte Materie wie Atome, Energie und Strahlung.

Kosmologie
Sie erforscht das Universum als Ganzes wie seine Entstehung, Form und Größe sowie mögliches Ende.

Astrophysik
Sie untersucht die Physik von Sternen, Schwarzen Löchern, Galaxien und anderen massereichen Objekten im All.

Fingerabdrücke werden durch feines Pulver sichtbar.

Ein Forensiker sucht nach Fingerabdrücken.

Forensik
Sie untersucht Spuren an Tatorten mit unterschiedlichen wissenschaftlichen Methoden.

Geophysik
Sie untersucht mithilfe der Physik den Aufbau von Planeten.

Genetik
Sie untersucht, wie genetische Merkmale von einer Generation zur nächsten weitergegeben werden, sowie ihre unterschiedliche Ausprägung bei Lebewesen.

Biochemie
Sie erforscht chemische Reaktionen, die Lebensvorgänge steuern.

Rotes Blutkörperchen

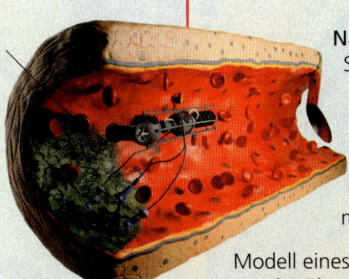

Zellbiologie und Molekularbiologie
Sie erforschen die Funktionsweise von lebenden Zellen sowohl als ganze Zelle als auch auf der Ebene der DNA, Proteinen und anderen komplexen Molekülen.

Nanotechnologie
Sie entwickelt mithilfe von ingenieurtechnischen, molekularbiologischen und anderen Gebieten Geräte wie Nanobots, die so groß wie eine menschliche Zelle sind.

Modell eines Nanobot im Blutgefäß

Immunologie
Sie untersucht das Immunsystem der Menschen und Tiere und seine Verteidigungsmechanismen gegen Krankheitserreger.

Biophysik
Sie untersucht biologische Systeme unter chemischen und physikalischen Gesichtspunkten wie Sinne und Bewegungsarten von Tieren.

Glossar

Tarnung
zwischen Blättern

ALCHEMIE Eine Methode der Naturerforschung vor der modernen wissenschaftlichen Methode. Alchemisten hielten Magie für einen wichtigen Teil natürlicher Vorgänge.

AMINOSÄURE Eine einfache Substanz, die sich zu langen Ketten verbindet und komplexe Eiweißmoleküle (Proteine) bildet. Im Menschen kommen 21 verschiedene Aminosäuren vor.

ART Eine Gruppe von Tieren mit großen Ähnlichkeiten in Aussehen und Lebensweise. Vertreter einer Art können sich untereinander fortpflanzen, jedoch nicht mit anderen Arten.

ATOM Der kleinste Bestandteil eines Elements. Jedes Element hat einzigartige Atome von typischer Größe, typischem Gewicht und typischem Aufbau.

ATOMBOMBE Eine Bombe, die aufgrund einer nuklearen Reaktion entweder durch Kernspaltung (große Atome zerfallen) oder Kernfusion (kleine Atome verschmelzen) explodiert.

AUSSTERBEN Sind sämtliche Vertreter einer Art tot, ist sie ausgestorben. Damit kann es nie wieder Einzelwesen dieser Art geben.

BAKTERIE Eine von vielen einzelligen Lebensformen mit weltweiter Verbreitung. Einige Bakterien überleben selbst in extremer Hitze oder unter extremem Druck. Bakterien leben seit mindestens 3,5 Mrd. Jahren auf der Erde.

BAROMETER Ein Messgerät für den Luftdruck auf die Erdoberfläche.

BASE Eine Substanz, die am stärksten mit Säuren reagiert. Sie enthält ein Hydroxidion, das sich mit dem Wasserstoffion einer Säure zu Wasser verbindet.

CHEMISCHE REAKTION Ein Vorgang, bei dem Atome von zwei oder mehr Elementen sich neu anordnen und dadurch neue Verbindungen bilden.

CHLOROPHYLL Eine grüne Substanz in vielen Pflanzenzellen, die aus Sonnenenergie Zucker als Pflanzennahrung herstellt.

CHROMOSOM Eine Speichereinheit für die DNA einer Zelle im Zellkern.

DIFFUSION Die allmähliche Vermischung von Fluiden (Gasen und Flüssigkeiten). Bei der Diffusion wandern Atome oder Moleküle aus Bereichen mit hoher Konzentration in Bereiche mit niedriger Konzentration.

DNA Ein spiralförmiges Molekül, das Gene (Anweisungen) für den Bau eines Organismus enthält. DNA ist die internationale Abkürzung für Desoxyribonukleinsäure. Jedes Lebewesen wächst nach den Anweisungen in seiner DNA.

ECHOORTUNG Eine Methode zur Erfassung der Umgebung durch zurückgeworfene Geräusche von umgebenden Oberflächen. Fledermäuse nutzen sie, um sich in Dunkelheit zu orientieren.

ELEKTRIZITÄT Der Fluss von Elektronen oder anderen geladenen Teilchen. Sie fließt zwischen gegensätzlich geladenen Polen.

ELEKTROMAGNETISCHES SPEKTRUM Die gesamte elektromagnetische Strahlung, die Atome freisetzen. Dazu gehören Radiowellen, Wärme, sichtbares Licht, ultraviolettes Licht und Röntgenstrahlen.

ELEKTROMAGNETISMUS Die Verknüpfung zwischen Elektrizität und Magnetismus. Magneten können elektrische Ströme erzeugen, während elektrische Ströme Magnetfelder erzeugen können.

ELEKTRON Ein winziges negativ geladenes Teilchen in Atomen. Sie werden in chemischen Reaktionen von Atomen ausgetauscht oder geteilt.

ELEMENT Eine reine Substanz, die sich chemisch nicht zerlegen lässt. Es gibt 94 natürliche Elemente wie Kohlenstoff und Sauerstoff.

ENZYM Aus Aminosäuren bestehendes Protein, das eine chemische Reaktion im lebenden Organismus beschleunigt.

EVOLUTION Die allmähliche Veränderung lebender Organismen über viele Generationen. Sie wird hauptsächlich über die natürliche Auslese gesteuert. Dabei werden die Gene, die das Überleben einer Lebensform sichern, an die Nachkommen weitergegeben. Werden Populationen getrennt, entwickeln sie sich getrennt weiter und es entstehen neue Arten.

FOTOSYNTHESE Der Vorgang, mit dem Pflanzen Sonnenenergie in Zucker umwandeln. Nahezu aller Zucker in der Natur stammt aus der Fotosynthese.

FREQUENZ Ein Maß für die Häufigkeit eines Vorgangs. Die Frequenz einer Welle beschreibt, wie häufig sie in einer Sekunde schwingt.

GEL Ein Gemisch aus einer Flüssigkeit und einem Feststoff. Der Feststoff hält das Gel in einer bestimmten Form, sodass das Gel insgesamt weich ist.

GEN Ein Abschnitt der DNA, mit dem codierte Anweisungen von den Eltern an die Nachkommen weitergegeben werden. Aus der Zusammenarbeit von Hunderten von Genen entsteht ein neuer Körper.

GENOM Der vollständige Gensatz einer Lebensform. Nicht jeder Vertreter einer Art besitzt genau dieselbe Version jedes Gens, sondern jeweils leicht unterschiedliche Versionen.

HALBLEITER Eine Substanz, die elektrischen Strom temperaturabhängig leitet oder blockiert. Silizium ist ein bekannter Halbleiter, aus dem die Millionen winziger Schalter in den Mikrochips hergestellt werden, die Computer steuern.

INDUKTION Ein Vorgang, mit dessen Hilfe die Menschen Elektrizität erzeugen. Wenn Magneten sich bewegen, erzeugen – oder induzieren – sie elektrischen Strom in umgebenden Metallen.

Laborgeräte

Glasrohr

Zylinder

Kolben

ION Ein Atom oder Molekül mit elektrischer Ladung. Die Ladung entsteht, wenn Atome oder Moleküle Elektronen abgeben oder aufnehmen.

KOHLENWASSERSTOFF Eine Verbindung aus Kohlenstoff- und Wasserstoffatomen. Erdöl ist die Hauptquelle der bekannten Kohlenwasserstoffe. Kohlenwasserstoffmoleküle können komplizierte Strukturen in Form von Ketten und Ringen ausbilden.

KUNSTSTOFF Eine künstlich hergestellte Substanz. Sie behält ihre Form, in die sie gebracht wird. Die meisten Kunststoffe bestehen aus Kohlenwasserstoffen und werden zur Herstellung unterschiedlichster Produkte verwendet wie Flaschen und Teilen von Raumfahrzeugen.

LABORGERÄTE Die Ausrüstung eines Labors. Einfache Laborgeräte sind z. B. Gasbrenner, Bechergläser und Reagenzgläser.

LASER Eine künstliche Lichtquelle, die Licht mit einer einzigen, konstanten Wellenlänge aussendet. Im Gegensatz zu natürlichem Licht verlaufen die Lichtwellen in einem Laser parallel.

LEGIERUNG Ein Gemisch aus unterschiedlichen Metallen. Viele Legierungen sind stärker und haltbarer als die Ausgangsmetalle. Bekannte Legierungen sind Messing und Stahl.

LINSE Ein gewölbtes, durchsichtiges Objekt. Es beugt parallele Lichtstrahlen so, dass sie scheinbar durch einen einzigen Punkt verlaufen.

MAGNET Ein Körper, der normalerweise aus Eisen, Nickel oder einer Legierung besteht und

Radioaktives Plutoniumoxid leuchtet.

ein Kraftfeld um sich erzeugt. Das Kraftfeld zieht andere Objekte aus Eisen, Nickel und einigen anderen Metallen an.

MOLEKÜL Eine Gruppe von zwei oder mehr miteinander verbundenen Elementen. Durch diese Verbindung erhalten die Elemente andere Eigenschaften, die sich nach Spaltung des Moleküls wieder verändern.

NAHRUNGSKETTE Sie stellt dar, wie Nahrung und Energie von einer Lebensform zur anderen weitergegeben werden. Nahrungsketten beginnen mit Pflanzen, die ihre Energie aus dem Sonnenlicht beziehen. Einige Tiere fressen Pflanzen und

werden ihrerseits von fleischfressenden Tieren verspeist.

NEUTRON Ein Teilchen, das sich im Kern fast aller Atome befindet. Neutronen sind neutral und haben keine elektrische Ladung.

PLASMA Der vierte Aggregatzustand der Materie. Plasma entsteht erst bei sehr hohen Temperaturen, bei denen Gase in Ionen und freie Elektronen zerfallen.

POLYMER Ein langes Molekül aus einer Kette kleinerer Einheiten (Momomere). Kunststoffe sind ebenso wie die DNA, Proteine und die Stärke in Brot und Nudeln Polymere.

PROTON Ein positiv geladenes Teilchen im Kern jedes Atoms. Jedes Element besitzt eine charakteristische Anzahl von Protonen in seinen Atomkernen.

RADIOAKTIVITÄT Ein Vorgang bei instabilen Atomen, weil Protonen oder Neutronen des Atomkerns im Überschuss vorhanden sind. Ein radioaktives Atom verliert spontan Teilchen als gefährliche Strahlung aus dem Kern und wird dabei zu einem stabilen Element.

RÖNTGENSTRAHLUNG Eine sehr energiereiche elektromagnetische Strahlung. Röntgenstrahlen enthalten so viel Energie, dass sie durch den menschlichen Körper hindurchtreten. Sie werden zur Aufnahme fester Substanzen wie Knochen verwendet.

SÄURE Eine reaktionsfreudige Substanz, die leicht ein Wasserstoffion abgibt und andere Substanzen angreift.

SCHALTKREIS Ein System, durch das ein elektrischer Strom fließen kann. Ein Schaltkreis verbindet elektrische Geräte wie Glühlampen oder Computer mit einer Stromquelle über elektrische Leitungen.

SCHWARZES LOCH Ein massereiches Objekt im All mit so großer Schwerkraft, dass es alles in seiner Umgebung anzieht und noch nicht einmal Licht entkommt.

SCHWERKRAFT Eine Kraft, mit der Objekte sich gegenseitig anziehen. Massereiche Objekte erzeugen eine stärkere Schwerkraft als masseärmere, daher werden leichtere Objekte auch von schwereren angezogen.

SEISMISCHE WELLEN Kräftige Schwingungen (Vibrationen) oder Wellen in der Erdkruste, die sich mit hoher Geschwindigkeit durch das Gestein fortpflanzen. Seismische Wellen entstehen, wenn Gestein unter Druck bricht. Sie verursachen beim Erreichen der Erdoberfläche Erdbeben.

STRAHLUNG (ELEKTROMAGNETISCH) Energiewellen, die von Atomen freigesetzt und von anderen Atomen absorbiert werden. Licht- und Radiowellen sind bekannte Formen der elektromagnetischen Strahlung.

SUBLIMATION Ein Vorgang, durch den einige Substanzen aus dem festen direkt in den gasförmigen Aggregatzustand übergehen, ohne dabei erst zu schmelzen und flüssig zu werden.

TARNUNG Ein Überlebensmechanismus einiger Organismen. Dabei passen sie ihr Aussehen der Umgebung an, damit sie nicht entdeckt werden.

TEMPERATUR Ein Maß für die Wärmeenergie einer Substanz. Wissenschaftler messen die Temperatur mit verschiedenen Skalen wie der Kelvin- oder der Celsiusskala.

TURBINE Eine ventilatorähnliche Maschine. Sie dreht sich sehr schnell, wenn ein Gas oder eine Flüssigkeit hindurchströmt. Turbinen werden in Kraftwerken eingesetzt und erzeugen Strom.

ULTRAVIOLETTES LICHT (UV) Unsichtbares Licht der Sonne, das Hautbräunung und Sonnenbrand verursacht. UV-Licht gehört zur elektromagnetischen Strahlung.

URKNALL Das Ereignis, mit dem nach Ansicht der meisten Wissenschaftler das Universum vor fast 14 Mrd. Jahren zu existieren begann. Dabei entstanden die gesamte Materie und die gesamte Energie des Universums.

Turbine in einem Kraftwerk

VERBINDUNG Eine Substanz, die aus mindestens zwei Elementen besteht. Wasser ist eine Verbindung aus zwei Atomen Wasserstoff und einem Atom Sauerstoff.

VERBRENNUNG Eine chemische Reaktion mit Sauerstoff, bei der Licht und Wärme erzeugt werden.

WELLENLÄNGE Ein Maß für den Abstand zwischen zwei Wellenkämmen oder zwei Wellentälern einer Welle.

ZELLEN Die Bausteine jedes lebenden Organismus. Zellen sind abgeschlossene Einheiten, die aber als Gewebe oder Organe zusammenarbeiten.

Götterspeise ist ein Gel.

Register

A

Aggregatzustände 32–33
Alchemisten 14–15, 20
All 16–17, 18, 58–61
Aminosäuren 48, 49
Anatomie 12
Arbeit 10–11
Archimedes 8, 11
Aristoteles 8, 12
Arten 52
Astronomie 60
Atmung 56–57
Atome 24–25, 36, 37, 46
    Teilchen 24–25, 40, 62
Atomenergie 19, 25,46–47
Aufbereitung 35
Außerirdische 62
Aussterben 53
Axone 41

B

Bacon, Francis 15
Bakterien 19, 54, 55
Barometer 12
Basen 38–39
Batterien 40
Bewegung 11, 16–17
Blitze 41
Boyle, Robert 14
Brandt, Hennig 20
Breitengrad 16

C

CERN 62
Chemie des Lebens 48–49
chemische Reaktionen
    36–37, 38, 45
chemische Symbole 64
Chlorophyll 56
Chromatografie 35
Chromosomen 51
Computer 41, 43, 62
Crick, Francis 50

D E F

Dalton, John 23
Darwin, Charles 52
Datenspeicherung 43
Demokrit 24
Diamanten 44
Diffusion 32
DNA 19, 50–51, 52, 54
Donner 41
Dunkle Materie 61
Echos 31
    Echoortung 31
Edelgase 21
Einstein, Albert 58, 59
Eis 33
Eiweiße 48, 50, 56
Eizelle 55
Elektrizität 40–41, 43
    statische 40, 41
elektromagnetisches
    Spektrum 26
Elektromagnetismus 43
Elektronen 24, 25, 26, 33,
    36, 40
Elektronenmikroskop 54
Elemente 8, 20–23, 27,
    64–65
Emulsionen 34
Energie 26, 40, 48, 56–57,
    59, 66
Enzyme 48
Eratosthenes 9
Erdbeben 30
Erde
    Magnetfeld 42
    Position im Universum 12
    Rotation 18
    Umfang 9
Erdkrümmung 9
Erdöl 44–45
Evolution 52–53
Experimente 6, 15, 18
Faraday, Michael 43
Farbe 29
Fermi, Enrico 46
Ferrofluide 42
Feststoffe 32
Fette 48, 49, 56, 57
Feuer 26, 37
Filtrieren 35
Fizeau, Hippolyte 58
Flüssigkeiten 32, 33, 42
Fluorchlorkohlenwasser-
    stoffe (FCKW) 18
Fossilien 7
Fotosynthese 56
Foucault, Léon 18
Frequenz
    Radiowellen 26
    Schall 30

G H

Galaxien 61
Galen 12
Galilei, Galileo 12, 13
Galvani, Luigi 41
Gammastrahlung 23, 26, 63
Gase 32, 33
Gemische 34–35
Genetik 19, 50–51, 52, 63
Gewebe 55
Gewitter 41
Gilbert, William 13
Grafit 44
Griechen, alte 8, 12
Großer Hadronen-
    Speicherring (LHC) 6–7, 62
Halbleiter 41
Halbmetalle 20
Halogene 21
Harrison, John 17
Härte 67
Harvey, William 15
Hebel 11
Hooke, Robert 15, 54
Hubble-Weltraumteleskop
    60
Hydrometer 9
Hypothese 18

I K L

Ibn al-Haitham 6
Imhotep 9
Impuls 17
Induktion 43
Ionen 38
Kalorien 57
Katalysatoren 37
Keile 10
Kerne
    Atomkern 24, 25, 46
    Zellkern 54
Kernspaltung und
    Kernfusion 46, 47, 61, 62
Kettenreaktionen 46
Koevolution 53
Kohlendioxid 32, 56, 57
Kohlenhydrate 48
Kohlenstoff 44–45
Kohlenwasserstoffe 44–45
Kometen 49
Kompasse 9, 42–43
Kopernikus, Nikolaus 12, 13
Korrosion 36
kosmische Hintergrund-
    strahlung 60, 61
Kraft 10
Kraftfelder 42
Kraftwerke 43
Krebs 63
Künstliche Intelligenz 62
Kunststoffe 45
Labore 15
Ladung, elektrische 24, 40
Längengrad 17
Laserstrahlen 29
Lautstärke 67
Lavalampe 35
Leeuwenhoek, Antonie 15
Legierungen 34
Leiter, elektrischer 41
Licht
    Geschwindigkeit 16, 58
    Wellen 26–27, 28–29,
    59, 60
Linsen 29
Lipide 48
Lösungen 34

M N O

Magensäure 39
Magnetismus 13, 42–43
Marconi, Guglielmo 26
Maschinen 10–11
Masse 25, 59
Maße 6, 66–67
Materie 32–33, 59, 62
Medizin 9, 23, 63
Mendel, Gregor 51
Mendelejew, Dmitri 21,
    64, 65
menschlicher Körper
    elektrische Ströme 41
    Elemente 23
    Gehirn 6, 7, 41
    Herz 15
    künstliche Körperteile 7, 9
    organische Verbindungen
    48–49
Metalle 20, 24, 34, 42
Meteoriten 23
Mikrobiologie 55
Mikrochips 41
Mikroskope 15, 54
Miller, Stanley 49
Mineralien und Erze 23
Mitochondrien 54, 57
Mohs, Carl 67
Moleküle 36, 38, 45, 48
Mond 13, 17, 61
Muskeln 38
Muster 6
Nahrung 56, 57
Nahrungskette 49
natürliche Auslese 52
Naturphilosophen 14–15
Navigation 16, 42
Nervenzellen 41
Neutrinos 61
Neutronen 24, 25, 46
Newton, Isaac 14, 16–17,
    26, 58, 66
Ockhams Rasiermesser 15
Öl 48
Optik 28–29
Organellen 54
organische Verbindungen
    44–45, 48–49
Ozonschicht 18

P R

Pendel 17, 18–19, 30
Periodensystem 21, 64–65
Pflanzen 55, 56
Philosophen 8
pH-Wert 39
Planeten 8, 60, 61
Plasma 3, 47
Pole 42
Polymere 45, 71
Proteine 48, 50, 54, 56
Protonen 24, 25, 33, 40, 46
Räder 11
Radioaktivität 25, 46, 65,
Reflexion 28
Reinigungsmittel 38
Relativitätstheorie 58–59
Robotik 7, 62–63
Römer 8, 12
Rømer, Ole 16
Röntgenstrahlen 26, 27
Rotverschiebung 60
Rutherford, Ernest 24

S T U

Salze 35, 38
Sauerstoff 22, 36, 37, 56, 57
Säuren 38–39
Schallwellen 30–31, 67
Schaltkreise 41
Schießpulver 9
Schrauben 10
Schwarze Löcher 59
Schwerkraft 16, 58, 59,
    61, 62
Schwimmen 8
Schwingungen 30, 32
Seife 38
seismische Wellen 30
Sextanten 16
Silizium 41
Sonne 9, 12, 18, 42, 47, 56,
    60, 61
Sonnenenergie 47
Sonnensystem 61
Spannung, elektrische 41
Spektroskope 27
Stärke 48
Stein der Weisen 14
Sterne 60, 61
Strahlung 26–27, 60, 61
subatomare Teilchen 63
Sublimation 32
synthetische Elemente 23
Tagundnachtgleiche 6
Teleportation 63
Teleskope 13
Temperaturen 32, 67
Thales von Milet 8

Thomson, J. J. 24
Torricelli, Evangelista 12
Treibstoffe 44–45
Turbinen 43
Überschallknall 31
Uhren 11, 17
Ultraschall 31
ultraviolette Strahlung
    26, 27
umkehrbare Reaktionen 36
Universum 6, 7, 8, 58–61
Unsterblichkeit 63
Uran 46, 65
Urey, Harold 49
Urknall 60, 62

V W Z

Van-de-Graaff-Generatoren
    40
Venter, Craig 19
Verbindungen 36–37
Verbrennung 37
Verdampfung 35
Vesalius, Andreas 12
Volta, Alessandro 40
Voltasche Säule 40, 41
Wärmeenergie 37
Wasser 22, 23, 33, 36, 38
Wasserstoff 22, 36, 47
Watson, James 50
Wellen 26–31
Wetter 12
Winkler, Clemens Alexander
    65
Wissen 7
Wissenschaft
    Gebiete 68–69
    Grundlagen 8–9
    im Alltag 10–11
Wissenschaftler 9, 14–15
wissenschaftliche Methoden
    18–19
Wöhler, Friedrich 48
Zahlen 6
Zahnräder 11
Zeit 11, 58–59
Zellen 50–51, 54–55, 63
Zellmembranen 54, 55
Zellulose 48, 55
Zellwand 55
Zhang Heng 30
Zucker 48, 49, 56
Zytoplasma 54

Dank und Bildnachweis

Dorling Kindersley dankt Monica Byles für das Korrekturlesen und Helen Peters für das Register.

Der Verlag dankt folgenden Personen und Institutionen für die freundliche Genehmigung zum Abdruck von Fotos:

(Abkürzungen: o = oben, go = ganz oben, ol = oben links, or = oben rechts, u = unten, ul = unten links, ur = unten rechts, m = Mitte, mo = Mitte oben, mu = Mitte unten, ml = Mitte links, mr = Mitte rechts, l = links, r = rechts, Hg = Hintergrund.)

Alamy Images: Ancient Art & Architecture Collection Ltd 11mo; Phil Degginger 2m, 11ol, 20ml, 64ur; JLImages/Cloud Gate, 2004. Anish Kapoor. Stainless steel 1 m x 2 m x 1,3 m. Millennium Park, Chicago. mit freundlicher Genehmigung der Stadt Chicago und der Gladstone Gallery 28u; JR Stock 42ur; Mesopotamian / The Art Gallery Collection 6ml; sciencephotos 31o, 40m; Universal Images Group Limited 56mr, 57ur; Viennaslide 20m; John Warburton-Lee Photography 49mr; Sue Wilson 55ul; Wiskerke 58ul; The Bridgeman Art Library: French School, (20th century) / Privatsammlung / Archives Charmet 16ol; © CERN: 62ml; Maximilien Brice 6-7; Corbis: 46-47; Bettmann 12ur, 14or, 46ol, 67mo (Raumfahrzeug), 68ml; G Bowater 71mr; John Carnemolla/Australian Picture Library 18ol; Ralph A. Clevenger 33mu; Richard Cummins 21mr (Neonschilder); Dr. Richard Kessel & Dr. Gene Shih/Visuals Unlimited 63o; Bruno Ehrs 26mlo; Stephen Frink 69mlo; Ole Graf 51mr; Justin Guariglia 25or; Jason Hawkes / Terra 15ur; Jakob Helbig / Cultura 27ur; Hulton-Deutsch Collection 26mu; Jeff Daly, Inc. /

Visuals Unlimited 33ur; Koji Kitagawa/amanaimages 30ml; Rolf Kosecki 29m; Beau Lark 67ml (Lächeln); Liu Liqun 42ml; Alan Marsh 38mo (Flüssigseife); Rob Matheson 40-41; Joe McDonald 4or, 31m; Mediscan / Encyclopedia 7ur; Charles Melton 53gor; Micro Discovery 54ul; NASA 47or; Richard T. Nowitz 33ol; Micha Pawlitzki 66m; PBNJ Productions 64-65, 66-67, 68-69, 70-71 (Rand); Louie Psihoyos/Science Faction 45or; Michael Rosenfeld 20um; Rosner, Arnie/Index Stock 22o; Charles E. Rotkin 44-45; Kevin Schafer 68or; Denis Scott 67mu (Pluto); Gerhilde Skoberne 28o; Paul Souders 66r; STSci/NASA 61o; The Gallery Collection 14um; Bruce Benedict/Transtock 44ul (Car); Visuals Unlimited 200l; William Whitehurst 44ol; Staffan Widstrand 68ur; Tim Wright 25mu; Dorling Kindersley: Chad Ehlers © Alamy 42ul; The Science Museum, London 4ur, 15ul, 30u, 40ml; National Maritime Museum, London 2or, 16ml, 17m; ESA: LFI and HFI Consortia 60ur; Getty Images: 3D4Medical.com 41ur; 3DClinic 57or; AFP 59or; Steve Allen 67or (Blitz); Colin Anderson / Brand X Pictures 38-39mr (Hauptbild); Art Montes De Oca 49ur; Jeffrey Coolidge 67ml (Quarz), 67mlu (Talk); Digital Vision 24ur, 67ml (Stahlfeile); Wally Eberhart 51or; Don Farrall 29mlo, 29ol; Stephen Frink 55ur; Jonathan S Blair/National Geographic 23or; Tim Graham 32ul; Jorg Greuel 68ol; Huntstock 55or; Liu Jin / AFP 8-9; Hannah Johnston 10-11; Jupiterimages / Comstock Images 67om; Kurtwilson 71o; Marwan Naamani / AFP 9or; Photodisc 38ur; Photosindia 41mm; Popperfoto 52ol; Science Photo Library/Pasieka 3ol, 51ol; SSPL 15mr; Brian Stablyk 44ul (LKW); Stocktrek Images 67um (Jet); Jan Stromme / Photonica 38mr;

Roger Tully 19ol; Ales Veluscek 43mr; ICRR (Institute for Cosmic Ray Research), The University of Tokyo: 61ur; iStockphoto.com: 29ur, 29or, 41mr; Douglas Allen 39or; Ivan Grishkov 2ol, 17om; MoosyElk 44ul (Löffel); Roman Sigaev 67mr (Glasschüssel); The Kobal Collection: Paramount Television 63um; NASA: JPL-Caltech 18ml; NASA und G. Bacon (STSci) 60ol; NASA-HQ-GRIN. 59ol; NAVY.mil: Sonartechnik (Oberfläche) 1st Class Ronald Dejarnett 30r; PhotoEdit Inc: Bonnie Kamin 10or; Photolibrary: 31ur, 53or; Peter Arnold Images 54ml; BSIP Medical 50ul; Reinhard Dirscherl / Mauritius 27o; Peter Giovannini 22l; Javier Larrea 18-19; Hugh Morton / Superstock 39ur; Paul Nevin 34-35; Oxford Scientific 13r, 57ol; Purestock 52ul; RESO 37mr; Guido Alberto Rossi / Tips Italia 24ul; RLT.COM: 11ur; Photo Scala, Florence: 9ur; Science Museum / Science & Society Picture Library: 12m, 12l, 12or, 13l, 27mr; Science Photo Library: 8ul, 22ur; Joel Arem 48ul; Astier-Chru Lille 63mr; A Barrington Brown 50ml; Massimo Brega, The Lighthouse 69or; Centre Jean Perrin, ISM 23mr; Martyn F Chillmaid 48ul; Thomas Deerinck NCMIR 19mr; E. R. Degginger 38ul; Equinox Graphics 60mr; Kenneth Eward 5or, 33or; Gustoimages 27ul; Richard R Hansen 70o; Hossler/Custom Medical Stock Photo 48ur; James King-Holmes 51om; Patrick Landmann 65or; R. Maisonneuve, Publiphoto Diffusion 31mr; Maximilian Stock Ltd 47ul; Peter Menzel 19ml; Cordelia Molloy 43or; NASA 16-17um, 17or; NASA/JHU/APL 16ul; Pasieka 48-49, Philippe Plailly 19or; RIA Novosti 21ur; Victor de Schwanberg 60ul; Science Source 15ml; Volker Steger 62-63; Sheila Terry 48mu; Joe Tucciarone 61l; US Dept of Energy 71l; Charles D Winters 3or, 20r, 21l, 64ul;

Charles D. Winters 32-33um (Trockeneis); SETI@home/University of California: 62ul; TopFoto.co.uk: The Granger Collection 8or; Dr. Elmar F. Gruber 6um; World of Stock: David Ewing 36ol.

Poster: Alamy Images: Mesopotamian / The Art Gallery Collection (mo); sciencephotos (mu/Spirale); John Warburton-Lee Photography (mro). Corbis: Joe McDonald (m); NASA (bl); Bruce Benedict/Transtock (or/mor). Dorling Kindersley: The Science Museum, London (mlo). Getty Images: Colin Anderson / Brand X Pictures (m); Science Photo Library/Pasieka (mr); Brian Stablyk (LKW). iStockphoto.com: (um); MoosyElk (or/Löffel). NASA: JPL-Caltech (ml). PhotoEdit Inc: Bonnie Kamin (ol). Science Museum / Science & Society Picture Library: (ol/Orrery). Science Photo Library: Astier-Chru Lille (ur); RIA Novosti (mlu/Mendelejew); Charles D Winters (mlu). World of Stock: David Ewing (mlu).

Cover: Vorn: Corbis: Visuals Unlimited mro; Josh Westrich u. Dorling Kindersley: National Maritime Museum, London mogr; Royal Tyrrell Museum of Palaeontology, Alberta, Canada mogl. Science Photo Library: Pasieka gor. Hinten: Dorling Kindersley: The Science Museum, London ur. Getty Images: AFP Photo / Liu Jin mu. Science Museum / Science & Society Picture Library: Science Museum m. Science Photo Library: Charles D. Winters mlo.

Alle anderen Abbildungen © Dorling Kindersley

Weitere Informationen unter www.dkimages.com

Weitere Themen in dieser Reihe:
(Bandnummer in Klammern)

Das alte Ägypten (8)
Das alte Griechenland (21)
Alte Kulturen (75)
Das alte Rom (38)
Amphibien (84)
Arktis & Antarktis (67)
Astronomie (77)
Autos (25)
Azteken, Inka & Maya (28)
Bäume (86)
Bedrohte Tiere (5)
Burgen (24)
Christentum (34)
Computer (51)
Demokratie (30)
Deutschland (63)
Dinosaurier (1)
Edelsteine & Kristalle (62)
Eisenbahnen (19)
Die Erde (79)
Erdöl (71)
Der Erste Weltkrieg (68)
Die ersten Menschen (26)
Evolution (50)
Fahrzeuge & Transport (65)
Fische (13)
Flugmaschinen (41)
Fossilien (47)
Fußball (53)
Geld (59)
Gesteine & Mineralien (17)
Große Entdecker (12)
Große Musiker (42)
Große Wissenschaftler (33)
Haie (10)
Hunde (39)
Indianer (18)
Insekten (35)
Islam (56)
Katzen (23)
Klimawandel (11)
Kriminalistik (44)
Der Mensch (2)
Mesopotamien (81)

Mittelalter (70)
Das moderne China (58)
Mond (57)
Mumien (74)
Muscheln & Schnecken (78)
Musikinstrumente (14)
Mythologie (31)
Naturkatastrophen (76)
Naturwissenschaften (7)
Ozeane (32)
Pferde (43)
Pflanzen (48)
Piraten (36)
Pyramiden (60)
Raubtiere (52)
Raumfahrt (85)
Regenwald (20)
Religionen (72)
Reptilien (69)
Ritter (16)
Säugetiere (45)
Schätze (6)
Schmetterlinge (73)
Skelette (82)
Spione (9)
Städte (3)
Strand & Meeresküste (55)
Teiche & Flüsse (27)
Tiere (64)
Titanic (22)
Urzeit (66)
Vögel (29)
Vulkane (37)
Waffen & Rüstungen (61)
Wale & Robben (80)
Wasser (40)
Weltall (15)
Weltwunder (83)
Wetter (46)
Wikinger (49)
Wirtschaft (4)
Der Zweite Weltkrieg (54)